Schulungskompendium zum Seminar „Fachpersonal für den Umgang mit UV-Bestrahlungsgeräten"

Inkl. Übungsaufgaben und Lernzielkontrollfragen

Dr. Karsten Gröning
Sachverständigenbüro Dr. Gröning
Im Dorfe 12
23758 Dazendorf
www.uv-schutz-verordnung.de

Schulungskompendium zum Seminar:

Fachpersonal für den Umgang mit UV-Bestrahlungsgeräten

6. Auflage: Mai 2019

Herausgeber:

Dr. Gröning, Im Dorfe 12, 23758 Dazendorf

www.uv-schutz-verordnung.de

Urheber/Autor/Redaktion:

Dr. Karsten Gröning

In diesem Dokument wird im Interesse der besseren Lesbarkeit grundsätzlich die männliche Form von Funktionsbezeichnungen verwendet; dies schließt die weibliche Form ein.

Inhaltsverzeichnis

1.1   Übergeordnete Lernziele

Das Weiterbildungsseminar zum **„Fachpersonal für den Umgang mit UV-Bestrahlungsgeräten"** soll - entsprechend den Schulungsinhalten der Verordnung zum Schutz vor schädlichen Wirkungen künstlicher ultravioletter Strahlung (UV-Schutz-Verordnung; UVSV) – das Fachpersonal dazu befähigen, eine fachgerechte und für die Nutzerinnen und Nutzer von Solarien nachvollziehbare Beratung zur Minimierung der gesundheitlichen Risiken durch Solarien durchzuführen.

Übergeordnete Lernziele der Schulung sind insbesondere:

- ⇨ Die Erstellung einer individuellen Hauttypenbestimmung
- ⇨ Die Erstellung von individuellen Dosierungsplänen
- ⇨ Die Geräteeinstellung gemäß des vorgegebenen Dosierungsplanes
- ⇨ Die Erkennung technischer Defekte an Solarien
- ⇨ Die eigenständige Führung eines fachlich korrekten Beratungsgespräches
- ⇨ Die fachlich korrekte Beantwortung von Kundenfragen zur UV-Bestrahlung und den damit verbundenen gesundheitlichen Risiken.

1.2   Ablauf der Seminare

Um die aufgestellten Lernziele zu erreichen, können sie zwischen zwei unterschiedlichen Seminarformen wählen: Einem „2-Tageslehrgang" und einem „1-Tageslehrgang (Fernlehrgang mit einem Präsenztag)". Beide Lehrgänge schließen mit einem Zertifikat ab. Die Gültigkeit der Zertifikate „Fachpersonal für UV-Bestrahlungsgeräte" sind jeweils auf 5 Jahre begrenzt. Nach 5 Jahren können Sie an einem Re-Zertifizierungsseminar (1 Präsenztag) teilnehmen, um die Gültigkeit des Zertifikates zu verlängern.

In allen Seminarformen bildet das „Schulungskompendium zum Lehrgang „Fachpersonal für UV-Bestrahlungsgeräte" das zentrale Lernmedium. In der Selbstlernphase arbeitet der Teilnehmer das Schulungskompendium durch und beantwortet zur eigenen Lernzielkontrolle die Lernzielkontrollfragen zu den einzelnen Themenfeldern. In Abhängigkeit vom jeweiligen Kenntnisstand des Teilnehmers variiert die Vorbereitungszeit.

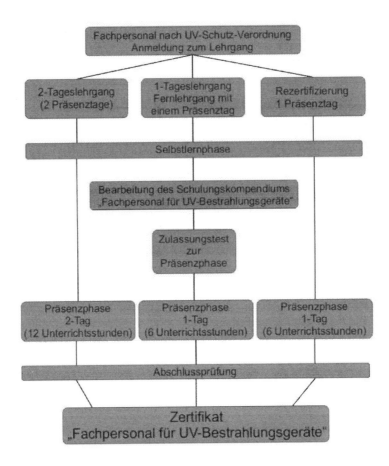

Ablaufplan zum Seminar: „Fachpersonal für UV-Bestrahlungsgeräte"

Die Teilnehmer des „2-Tageslehrganges" und des „Re-Zertifizierungslehrganges" nehmen nach der Selbstlernphase direkt an der Präsenzphase Teil. Die Teilnehmer des „Fernlehrgangs" müssen nach der Bearbeitung es Schulungskompendiums noch den Zulassungstest zur Präsenzphase absolvieren und bestehen.

Diese Teilnehmer erhalten zusammen mit den Anmeldeunterlagen die Zugangsdaten (Website und Passwort) zu den nachfolgenden "Onlinetests - UV-Schutzverordnung".

Um den Test durchführen zu können, gehen Sie bitte wie folgt vor:

Website **www.Zulassungstests.com** aufrufen.

1. Unter **Onlinetests - UV-Schutzverordnung** den Button [zum Login] drücken.
2. Geben Sie in das vorgesehene Feld das Ihnen übermittelte Passwort ein.
3. Klicken Sie auf "Login".
4. Im neuen geöffneten Fenster den Button [Test starten] drücken.
5. Im Feld "Vorname" bitte Ihren Vornamen eintragen.
6. Im Feld "Nachname" bitte Ihren Vornamen eintragen.
7. Im Feld "Lehrgang" bitte UVSV eintragen

8. Wenn Sie jetzt in der Kopfleiste auf das Wort "Starten" drücken, startet der Test und die Uhr im Feld "Zeit" beginnt zu laufen. Der Test hat keine Zeitvorgabe. Die Uhr läuft nur zu Kontrollzwecken mit.

9. Beantworten Sie die insgesamt 90 Testfragen.

10. Bitte beachten Sie die Hinweise zu den Kontrollkästchen in den Fragen 70 - 73 und 79 bis 90.

11. Wenn Sie alle Fragen beantwortet haben, klicken sie auf den Button "Fertig". Es erscheint ein Hinweisfeld mit dem Text: "Ihr erzieltes Ergebnis wird jetzt per mail zur Auswertung/Benotung verschickt!". Klicken Sie auf die Schaltfläche "OK".

12. Auf dem Bildschirm erscheint jetzt eine Seite mit den von Ihnen erzielten Ergebnissen "Folgende Ergebnisse wurden zur Auswertung übertragen:" Sie können sich diese Seite kopieren und für Ihre Unterlagen aufheben oder z.B. mit dem Handy ablichten.

13. Wenn Sie den Test bestanden haben, erscheint ein grünes Feld mit dem Text "Sie haben den Test bestanden".

14. Wenn Sie **nicht** bestanden haben, erscheint ein rotes Feld mit dem Text: "Sie haben den Test leider nicht bestanden". In diesem Fall können Sie den Test wiederholen. Sie dürfen den Test so oft wiederholen wie Sie möchten.

15. Nachdem der Test bestanden wurde, erhalten Sie von der Zertifizierungsstelle die notwendigen Informationen für den Präsenztag.

Im Anschluss an die Vorbereitungsphase folgt das **Seminar** (Präsenzphase), in dem die relevanten Lerninhalte zur Prüfungsvorbereitung noch einmal zusammen mit dem Fachreferenten durchgearbeitet werden und ggf. offene Fragen geklärt werden können (teilnehmerorientierter Unterricht, Kleingruppenarbeit und praktische Übungen). Alle relevanten und organisatorischen Informationen (Stundenplan, Ort etc.) erhalten sie schriftlich mit separater mail.

Zum Abschluss des Seminars erfolgt die praktische Prüfung. Die in der Vorbereitungsphase erarbeiteten Kenntnisse sind für das Bestehen der Prüfung nicht nur hilfreich, sondern praktisch unerlässlich. Für das Seminar wird ein Zeitraum von 12 Stunden angesetzt.

In der **praktischen Prüfung** (Beratungsgespräch) werden der Ablauf und die Durchführung eines fachlich korrekten Beratungsgespräches mit den obligatorischen Beratungsinhalten geprüft. Abschließend müssen noch einige Prüfungsfragen beantwortet werden. Die praktische Prüfung wird nicht benotet, sondern lediglich mit „bestanden" oder „nicht bestanden" bewertet.

2	UV-Strahlung

2.1 Physikalische Grundlagen

2.1.1 Optische Strahlung - Grundbegriffe und Definitionen

Grundsätzlich treten Strahlen im eigentlichen Sinne in zwei Erscheinungsformen auf: erstens als **elektromagnetische Wellen** und zweitens als **Teilchenstrahlen**. Eine Teilchenstrahlung findet man typischerweise bei der Radioaktivität, während beispielsweise UV-Strahlung zu den sog. elektromagnetischen Strahlen gehört. Seit der Mitte des 17. Jahrhunderts weiß man, dass es sich bei der elektromagnetischen Strahlung um ein **Wellenphänomen** handelt. Erst im 19 Jahrhundert gelang es jedoch, sie als elektromagnetische Felder aufzuklären, bei denen ein elektrisches und ein magnetisches Feld untrennbar miteinander verbunden sind und senkrecht zur Ausbreitungsrichtung und senkrecht zueinander ausgerichtet sind. Die Ausbreitungsgeschwindigkeit der elektromagnetischen Strahlung erreicht in der Luft näherungsweise 300.000 km pro Sekunde.

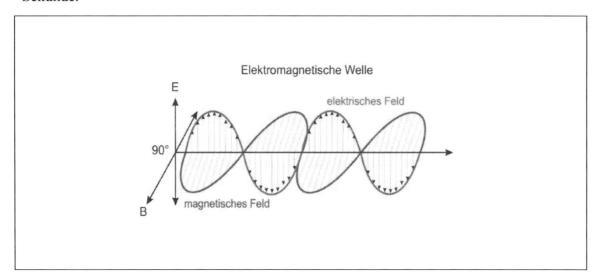

Abbildung 1: Elektromagnetische Welle

Innerhalb der elektromagnetischen Strahlung findet sich im Wellenlängenbereich von 100 nm bis 1 mm die sog. **optische Strahlung**. Als Wellenlänge bezeichnet man den Abstand von einem Maximum der Welle bis zum nächsten Maximum (oder mit anderen Worten eine Welle). **Sichtbares Licht (VIS)** und die im Strahlenspektrum rechts und links angrenzende **Infrarotstrahlung (IR)** und **UV-Strahlung (UV)** lassen sich mit **optischen Mitteln** wie Linsen, Reflektoren oder Spiegeln nach vergleichbaren physikalischen Gesetzmäßigkeiten beeinflussen (zerlegen, reflektieren oder bündeln) und werden deshalb zusammengefasst als **optische Strahlung** bezeichnet, wenngleich das menschliche Auge nicht in der Lage ist, UV-Strahlung oder Infrarotstrahlung zu sehen.

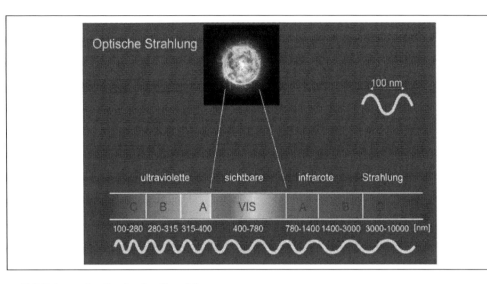

Abbildung 2: Optische Strahlung

Innerhalb der einzelnen Bereiche der optischen Strahlung (UV-Strahlung und Infrarot Strahlung) unterscheidet man auf der Basis der unterschiedlichen **Wellenlänge** im UV-Bereich drei Wellenlängenbereiche **(UV-A, UV-B und UV-C)** und im Infrarotbereich ebenfalls drei Bereiche **(IR-A, IR-B, IR-C)**.

UV-C: λ = 100 nm – 280 nm (4,4 – 6,2 eV)
UV-B: λ = 280 nm – 315 nm (3,9 – 4,4 eV)
UV-A: λ = 315 nm – 400 nm (3,3 – 3,9 eV)

VIS: λ = 400 nm – 780 nm (1,6 – 3,2 eV)

IR-A: λ = 780 nm – 1400 nm
IR-B: λ = 1400 nm – 3000 nm
IR-C: λ = 3000 nm – 1 mm (=10.000 nm)

Grundsätzlich gilt dabei, dass je kürzer die Wellenlänge einer Strahlung ist, desto höher ist der Energieanteil, der durch diese Strahlung übertragen wird und umgekehrt. Daraus folgt, dass UVC-Strahlung deutlich energiereicher – und damit potenziell gefährlicher ist – als UVA-Strahlung oder sichtbares Licht. Unter Berücksichtigung der Schutzmechanismen des menschlichen Auges gegen schädliche Strahlung ist in diesem Zusammenhang festzustellen, dass z.B. der Pupillenreflex auf der Basis von sichtbarem Licht (mit geringer Energie) erfolgt und durch UV-Strahlung (mit hoher Energie) nicht ausgelöst wird, da UV-Strahlung nicht sichtbar ist und den Blendreflex damit nicht auslöst. Daraus lässt sich zwingend die **Nutzung einer UV-Schutzbrille** für den Umgang mit UV-Strahlung ableiten.

Praxishinweis:

Aus den unterschiedlichen Wellenlängen der UV-Strahlung und der damit verbundenen Energiemenge, die durch die Strahlung übertragen wird und im menschlichen Organismus zu einer biologischen Reaktion führen kann, lässt sich ableiten, dass UV-Bestrahlungsgeräte im Regelfall fast ausschließlich UVA-Strahlung, nur sehr wenig UVB-Strahlung und de facto keine UVC-Strahlung abgeben.

Auch bei der täglichen Sichtkontrolle der UV-Bestrahlungsgeräte durch das Fachpersonal ist immer eine Schutzbrille zu tragen.

2.1.2   Solare und künstliche UV-Strahlung

Innerhalb der optischen Strahlung spielt in Bezug auf Solarien oder UV-Bestrahlungsgeräte die UV-Strahlung die entscheidende Rolle. Grundsätzlich lassen sich zwei Quellen von UV-Strahlung unterscheiden, die eine biologische Wirkung auf den Menschen ausüben. Die natürliche, **solare UV-Strahlung**, die von der Sonne im Rahmen ihres Strahlenspektrums zur Erde gesandt wird, und die **künstlich erzeugte UV-Strahlung**, die von UV-Bestrahlungsgeräten erzeugt wird.

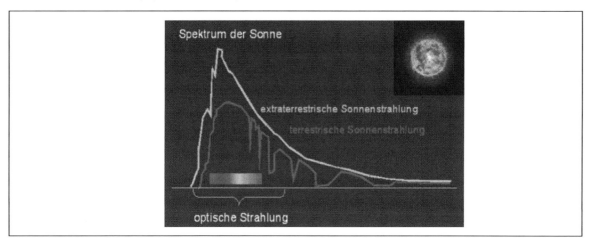

Abbildung 3: Spektrum der Sonne

Sonnenstrahlung

Die Sonne emittiert ein breites Spektrum an elektromagnetischer Strahlung, das neben der optischen Strahlung auch kurzwelligere und somit energiereichere Wellenlängenbereiche wie Gamma- und Röntgenstrahlen sowie langwelligere Mikrowellen und Radiowellen enthält. Das **Intensitätsmaximum** der Sonnenstrahlung liegt im sichtbaren Licht zwischen 400-700 nm. Dieses Licht ist für den Menschen sichtbar und wird z.B. von Pflanzen zur Photosynthese genutzt.

Durch die Atmosphäre und die darin enthaltenen Gase wird jedoch ungefähr 30 % der **Wärmestrahlung (Infrarot)** in den Weltraum zurück reflektiert, und ca. **20 bis 40 % der elektromagnetischen Strahlung** absorbiert. Der **Ozonschicht** ist es dabei zu verdanken, dass die für den Menschen besonders gefährliche UV-Strahlung mit Wellenlängen unter 290 nm (UV-C und kurzwelliges UVB) aus dem Spektrum der Sonnenstrahlung vollständig herausgefiltert wird und die Erdoberfläche nicht erreicht. Dagegen treffen die UV-A-Strahlung und das sichtbare Licht praktisch ungefiltert auf die Erdoberfläche auf. Die Menge an Strahlung, die durch die Ozonschicht die Erde erreicht, schwankt in Abhängigkeit von der **Jahreszeit, der Tageszeit und der geographischen Lage**. Dabei gilt, dass je kürzer der Weg der Sonneneinstrahlung durch die Atmosphäre ist, desto schwächer ist die Filterwirkung oder desto höher ist der Anteil der Strahlung, die die Erde erreicht. In Meeresspiegelhöhe ergeben sich bei senkrecht über der Erdoberfläche stehender Sonne (Äquator am Mittag) Werte der <u>gesamten</u> solaren Bestrahlungsstärke zwischen 800 und 1.200 W/m². **Der erythemwirksame Anteil der Sonnenstrahlung am Äquator zur Mittagszeit entspricht 0,3 Watt pro Quadratmeter und entspricht damit der maximalen erythemwirksamen Bestrahlungsstärke eines Solariums in Deutschland.**

Die Ozonschicht stellt aber nicht nur einen wirkungsvollen Filter gegenüber der UV-Strahlung dar, sondern sorgt durch die Absorption der Wärmestrahlung der Sonne mit der darauffolgenden Abgabe der Wärme an die Atmosphäre auch dafür, dass die Temperaturen auf der Erde den menschlichen Anforderungen entsprechen.

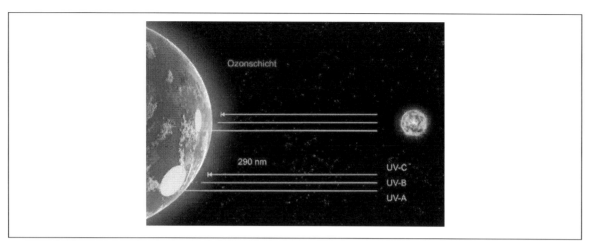

Abbildung 4: Funktion der Ozonschicht

Künstliche UV-Strahlungsquellen (Lampen und Strahler)

Im Gegensatz zur natürlichen, solaren Strahlung, die ein relativ breites Spektrum elektromagnetischer Strahlen emittiert, kann das Strahlenspektrum bei künstlichen UV-Strahlungsquellen durch **Filter** verändert und optimiert werden. Welches Strahlungsspektrum von einer künstlichen Lampe tatsächlich ausgeht, hängt z. B. von der **Art der Erzeugung**, vom **Lampentyp** und von den **Betriebsbedingungen** ab und kann de facto den Wünschen entsprechend moduliert werden. Anders als bei der natürlichen Strahlung ist auch festzustellen, dass bei künstlichen Strahlungsquellen nach erfolgter Einbrenndauer über die restliche Nutzlebensdauer der Lampen – unter der Annahme konstanter Betriebsbedingungen – immer die gleiche Strahlung in Bezug auf das Spektrum abgegeben wird.

Nur ein kleiner Teil der UV-Bestrahlungsgeräte gehört dabei in den Geltungsbereich der UV-Schutz-Verordnung, und zwar dann, wenn die nachfolgenden drei Kriterien erfüllt sind:

1. Das UV-Bestrahlungsgerät gibt UV-Strahlung ab.
2. Das UV-Bestrahlungsgerät wird im gewerblichen Bereich eingesetzt.
3. Das UV-Bestrahlungsgerät dient einem kosmetischen Zweck am Menschen.

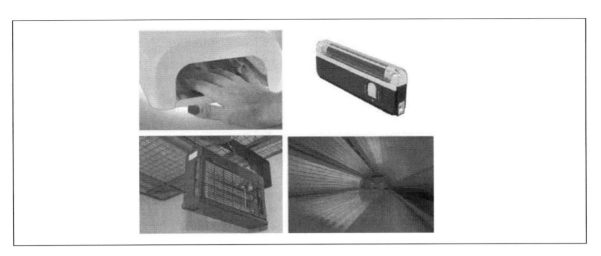

Abbildung 5: Beispiele für UV-Bestrahlungsgeräte

2.1.3 Messung der UV-Strahlung

In der praktischen Anwendung künstlich erzeugter UV-Strahlung ist es häufig sinnvoll und notwendig, die **Bestrahlungsstärke** und oder die spektrale Verteilung der Strahlung zu bestimmen, um z.B. die Schwellenbestrahlungszeiten errechnen zu können. Solarien dürfen z.B. eine erythemwirksame Bestrahlungsstärke von 0,3 Watt pro Quadratmeter nicht **überschreiten** (unterschreiten aber schon). Derartige Messungen lassen sich mit sog. **Spektralradiometern** durchführen, haben aber leider den Nachteil, dass diese Messungen **aufwendig und teuer** sind und deshalb für die betriebliche Routine ungeeignet sind.

Sofern lediglich der Alterungsprozess von beispielsweise Röhren mit der einhergehenden Leistungsabnahme bestimmt werden soll, kann dies mit sog. **Breitband-UV-Metern** erfolgen, die zwar meist nur eine geringe spektrale Messung erlauben, aber für relative Messungen unter sonst gleichen Bedingungen geeignet sind. Für einfache Plausibilitätskontrollen dazu, ob ein UV-Bestrahlungsgerät eine bestimmte Stärke nicht überschreitet, sind diese Geräte trotz der entsprechenden Messungenauigkeiten eingeschränkt auch geeignet.

Praxishinweis:

Aus einigen Bundesländern wird berichtet, dass bei behördlichen Kontrollen zum Vollzug der UV-Schutz-Verordnung von den prüfenden Personen sog. Breitband UV-Meter zu Plausibilitätsmessungen (nach Durchsicht der Geräte- und Betriebsbücher) eingesetzt wurden.

2.1.4   Zusammenfassung und Merksätze

Sichtbares Licht, Infrarotstrahlung und UV-Strahlung lassen sich mit optischen Mitteln wie Linsen, Reflektoren oder Spiegeln nach vergleichbaren physikalischen Gesetzmäßigkeiten beeinflussen (zerlegen, reflektieren oder bündeln) und werden deshalb zusammengefasst als optische Strahlung bezeichnet.

Innerhalb der UV-Strahlung unterscheidet man zusätzlich auf der Basis der unterschiedlichen Wellenlänge und der unterschiedlichen biologischen Wirkung zusätzlich UV-A, UV-B und UV-C.

Je kürzer die Wellenlänge der Strahlung ist, desto höher ist ihr Energiegehalt und umgekehrt.

UV-Strahlung hat eine höhere Energie als sichtbares Licht, löst jedoch den Blendreflex nicht aus. **Deshalb muss beim Umgang mit UV-Strahlung immer eine Schutzbrille getragen werden.**

Grundsätzlich lassen sich zwei Quellen von UV-Strahlung unterscheiden: die natürliche, solare UV-Strahlung und die künstlich erzeugte UV-Strahlung.

Die Sonne emittiert ein breites Spektrum an elektromagnetischer Strahlung, das neben der optischen Strahlung auch Gamma- und Röntgenstrahlen sowie Mikrowellen und Radiowellen enthält.

Das Intensitätsmaximum der Sonnenstrahlung liegt im sichtbaren Licht zwischen 400-700 nm.

Der Ozonschicht ist es zu verdanken, dass die für den Menschen besonders gefährliche UV-Strahlung mit Wellenlängen unter 290 nm (UV-C und kurzwelliges UVB) aus dem Spektrum der Sonnenstrahlung vollständig herausgefiltert wird und die Erdoberfläche nicht erreicht.

Im Gegensatz zur natürlichen Strahlung kann das Strahlenspektrum bei künstlichen UV-Strahlungsquellen durch Filter verändert und optimiert werden. Unter der Annahme konstanter Betriebsbedingungen geben künstliche UV-Strahler immer die gleiche Strahlung in Bezug auf das Spektrum ab.

Für künstliche UV-Strahlenquellen, die im gewerblichen Bereich zu kosmetischen Zwecken am Menschen angewendet werden, wurde die UV-Schutz-Verordnung erlassen.

2.1.5   Lernzielkontrollfragen

1. **Welche Teile des elektromagnetischen Strahlenspektrums gehören zur sog. Optischen Strahlung?**
   o   sichtbares Licht, Infrarotstrahlung, Wärmestrahlung
   o   UV-Strahlung, Gammastrahlung, Röntgenstrahlung
   o   UV-Strahlung, sichtbares Licht (VIS), Infrarotstrahlung (IR)

2. **Von welchen Faktoren hängt die Intensität der natürlichen Sonnenstrahlung ab?**
   o   die Intensität der natürlichen Sonnenstrahlung hängt ab von Längengrad, Jahreszeit und Tageszeit
   o   die Intensität der natürlichen Sonnenstrahlung hängt ab von Breitengrad, Jahreszeit und Tageszeit
   o   die Intensität der natürlichen Sonnenstrahlung hängt ab von Längengrad, Jahreszeit und Witterung

3. **Je kürzer die Wellenlänge einer elektromagnetischen Strahlung…**
o desto höher ist die Energie
o desto niedriger ist die Energie
o desto heller ist die Strahlung

4. **Die in einer Sonnenbank künstlich erzeugte UV-Strahlung kann mit dem menschlichen Auge…**
o nur mit einer UV-Schutzbrille nach DIN EN 170 gesehen werden
o ohne Probleme als blaues Licht gesehen werden
o grundsätzlich nicht gesehen werden

5. **Was versteht man unter dem Begriff der Referenzsonne nach DIN?**
o Die Stärke der Sonne am Äquator zur Mittagszeit in Höhe des Meeresspiegels.
o Die Stärke der Sonne zur Mittagszeit am nördlichen Wendekreis der Sonne in Höhe des Meeresspiegels.
o Die Stärke der Sonne um zwölf Uhr Mittags am südlichen Wendekreis in Höhe des Meeresspiegels

6. **Ein UV-Bestrahlungsgerät gehört in den Anwendungsbereich der UV-Schutz-Verordnung, wenn es die nachfolgenden Kriterien erfüllt:**
o es muss eine UV-Strahlungsquelle vorhanden sein, die im gewerblichen Bereich zu kosmetischen Zwecken am Menschen eingesetzt wird.
o es muss eine UV-Strahlungsquelle vorhanden sein, die im privaten Bereich zu kosmetischen Zwecken am Menschen eingesetzt wird.
o es muss eine UV-Strahlungsquelle vorhanden sein, die ohne wirtschaftliche Interessen zu kosmetischen Zwecken am Menschen eingesetzt wird.

7. **Wie hoch ist die zulässige erythemwirksame Bestrahlungsstärke einer Sonnenbank?**
o 0,6 Watt pro qm
o 0,4 Watt pro qm
o 0,3 Watt pro qm

8. **Welche Funktion übernimmt die Ozonschicht in Bezug auf die UV-Strahlung?**
o Die Ozonschicht filtert die gefährliche UVC-Strahlung aus dem Spektrum der Sonnenstrahlung vollständig heraus.
o Die Ozonschicht filtert die gefährliche UVB-Strahlung aus dem Spektrum der Sonnenstrahlung vollständig heraus.
o Die Ozonschicht filtert die gefährliche UVA-Strahlung aus dem Spektrum der Sonnenstrahlung vollständig heraus.

9. **Die Wellenlänge der optischen Strahlung wird angegeben in**
o Mikrometern
o Nanometern
o Pikometern

10. Welche der nachfolgenden UV-Bestrahlungsgeräte gehören in den Anwendungsbereich der UV-Schutz-Verordnung?
o   Solarien
o   Geldscheinprüfgerät
o   Fingernagelbestrahlungsgerät

11. Warum ist UVA-Strahlung für den Menschen weniger gefährlich als UVB-Strahlung
o   UVA-Strahlung hat eine längere Wellenlänge als UVB-Strahlung und damit einen geringeren Energiegehalt
o   UVA-Strahlung ist genauso gefährlich wie UVB-Strahlung
o   UVA-Strahlung hat eine kürzere Wellenlänge als UVB-Strahlung und damit einen geringeren Energiegehalt

12. Die Bestrahlungsstärke eines Solariums kann gemessen werden mit...
o   einem Spektralradiometer
o   einem Spannungsprüfer
o   einem Voltmeter

13. Im Solarium erzeugte, künstliche UV-Strahlung vergleichbarer Dosierung und Strahlenzusammensetzung ist
o   gefährlicher als die natürliche Sonnenstrahlung
o   ungefährlicher als die natürliche Sonnenstrahlung
o   natürlicher Sonnenstrahlung vergleichbar

14. Unter welchen Bedingungen ändert sich das Strahlenspektrum einer Niederdruckentladungslampe nicht mehr?
o   nach erfolgter Einbrenndauer oder unter konstanten Betriebsbedingungen
o   nach erfolgter Einbrenndauer und unter konstanten Betriebsbedingungen
o   nach erfolgter Einbrenndauer und unter konstanter Netzspannung

15. Das Spektrum einer Strahlungsquelle beschreibt...
o   die wellenlängenabhängige Zusammensetzung einer Strahlung
o   die Dosis einer Strahlungsquelle
o   den Energiegehalt einer Strahlungsquelle

2.2   Wirkung der UV-Strahlung auf den Menschen

Damit UV-Strahlen eine biologische Wirkung (positive oder negative Wirkung) auslösen können, müssen sie vom Organismus in Empfangsorganen **aufgenommen** und **absorbiert** werden. Empfangsorgane der UV-Strahlung sind – wegen der geringen Eindringtiefe der UV-Strahlung in den Organismus – lediglich die Gewebe der **Haut** und der **Augen**. Sowohl in der Haut als auch in den Augen sind unterschiedliche Zellen mit verschiedenen Aufgaben in mehreren Schichten und unterschiedlichen Zellverbänden angeordnet, die die UV-Strahlen aufnehmen, absorbieren und dann eine biologische Wirkung auslösen. Man unterscheidet bei der Wirkung der UV-Strahlung auf den Menschen zwischen **lokalen**, in einzelnen Geweben auftretenden Wirkungen und **systemischen**, im ganzen Organismus auftretenden Wirkungen. Die Grenzen sind allerdings fließend.

Zu den systemischen Wirkungen gehören die Effekte, die die UV-Strahlung auf die Blutbestandteile der oberflächlich in der Haut verlaufenden Blutgefäße ausübt und die daraus resultierenden optimierten Kreislaufparameter. Dazu gehören:

• die Erhöhung der Sauerstoffaufnahmefähigkeit der roten Blutkörperchen

• die Verminderung des Ruhe- und Belastungspulses

• eine Umstellung der vegetativen Kreislaufregulation

• eine Blutdrucksenkung

• die Verbesserung der Fließeigenschaften des Blutes.

2.2.1   Die Zelle

Die beiden Erfolgsorgane Haut und Augen bestehen, wie alle menschlichen Organe, aus Zellen. Bei einer Bestrahlung der Haut und der Augen werden formal zwar nur zwei Organe bestrahlt, diese bestehen jedoch aus Milliarden von Zellen, und in diesen Zellen findet die Absorption der Energie statt, und damit auch ein potenzieller Schaden. Die Wirkung der UV-Strahlung erfolgt damit im Wesentlichen auf der sog. Zellulären Ebene.

Die Zelle ist der **kleinste Baustein** des menschlichen Körpers und damit die biologische Grundeinheit. Alle bekannten Zellen (bis auf ein paar Ausnahmen) enthalten bestimmte Komponenten, die für die Funktionen der Zelle notwendig sind. Es sind die Zellen, die letztendlich die unterschiedlichen Gewebe – im menschlichen Körper gibt es ca. 220 verschiedene Zell- und Gewebetypen – bilden und die **UV-Strahlung** mit den in der Zelle enthaltenen Organellen **absorbieren**. Die Absorption von UV-Strahlung ist dabei die Grundlage für die Auslösung einer positiven oder negativen biologischen Wirkung und beruht in der Regel auf einem sog. Resonanzeffekt. Bei Resonanzeffekten handelt es sich um eine Übereinstimmung der Frequenzen zwischen auftreffender Welle (hier z.B. die UV-Strahlung) und den „Eigenschwingungen" der aufnehmenden Struktur. Strukturen und Moleküle, die in der Lage sind, UV-Strahlung zu absorbieren, „schwingen" mit der gleichen Wellenlänge wie die UV-Strahlung. Mit dem Auftreffen der UV-Strahlen wird das Molekül in einen sog. „angeregten Zustand" versetzt und speichert so gewissermaßen die Energie der auftreffenden Strahlung. Dadurch können diese Moleküle jetzt Reaktionen durchführen, die sie normalerweise (im Grundzustand) nicht durchführen könnten. Normalerweise ist ein Molekül bestrebt, schnell in den Grundzustand zurück zu kehren. Dazu muss die aufgenommene Energie wieder abgegeben werden, was im Regelfall durch Strahlungsemission (Fluoreszenz) erfolgt (das Molekül gibt die Energie in Form von Strahlung/Fluoreszenz ab) oder in Form von Stößen, die auf benachbarte Moleküle übertragen werden. In besonderen Fällen, bei sogenannten „photosensibilisierenden Reaktionen", kann der angeregte Zustand auch „wandern" und auf andere Moleküle übertragen werden. Eine photosensibilisierende Substanz nimmt dazu die Energie der UV-Strahlung auf und überträgt den angeregten Zustand auf ein anderes Molekül, also z.B. die DNA (siehe unten).

Mit Blick auf die **photobiologischen Aspekte** einer Zelle sollen hier nur diejenigen Organellen (Zellbestandteile) benannt werden, die in der Lage sind, UV-Strahlung zu absorbieren. Von besonderer Bedeutung sind dabei die DNA und die Zellmembran, da durch Schäden an diesen Strukturen die körpereigenen Schutzmechanismen (Pigmentierung) ausgelöst werden. Dazu gehören:

- **DNA**, die genetische Information, die als Bauplan für die anderen Komponenten der Zelle dient
- **Proteine**, die als Strukturproteine oder als Enzyme für den Bau und die biochemischen Funktionen der Zelle zuständig sind
- **Membranen**, welche die Zelle von ihrer Umgebung abschotten, als Filter fungieren, Kontakt mit der Außenwelt aufrechterhalten und komplexere Zellen in Kompartimente aufteilen

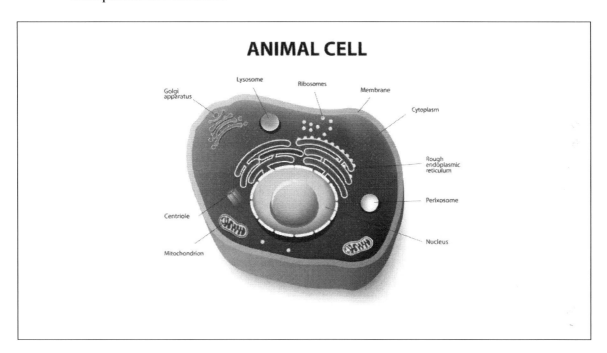

Abbildung 6: Die Zelle

Praxishinweis:

Die Energie der UV-Strahlung wird von einigen Bestandteilen der Zellen absorbiert und führt – durch die hohe Energie – damit zu Schädigungen innerhalb dieser Zellen. Werden sehr viele Zellen in einem Gewebe geschädigt, lässt sich diese Schädigung mit bloßem Auge am Gewebe erkennen. Bei der Haut ist dies der typische Sonnenbrand, bei dem Milliarden von Zellen durch UV-Strahlung geschädigt wurden und dann zur Rötung der Haut (Gewebe) führen.

2.2.1.1   Wirkung der UV-Strahlung auf die Zelle

Wenn UV-Strahlen in eine Zelle eindringen und von den verschiedenen Zellorganellen absorbiert werden, kommt es zu einer **Wirkungskette** von **physikalischen, chemischen** und **biologischen Reaktionen**. Zu beachten ist dabei, dass nur derjenige Teil der Strahlung eine biologische Wirkung entfalten kann, der auch von der Zelle oder dem Gewebe **absorbiert** wird. Durch die Zelle oder das Gewebe hindurchtretende Strahlung, die nicht absorbiert wird, ruft auch keine Wirkung hervor. Die Strahlungsmenge und damit die Menge der Energie, die vom Gewebe absorbiert wird und eine biologische Wirkung entfalten kann, hängt von verschiedenen Faktoren ab wie z.B. der **Gewebeart**, der **Dauer der Bestrahlung**, der **Wellenlänge**, der **Bestrahlungsintensität** etc.. Trifft die in das Gewebe eindringende Strahlung auf eine Zelle oder ein Zellbestandteil (z. B. die DNA) dass in der Lage ist, die Strahlung zu absorbieren, werden zunächst in einer **physikalischen Reaktion** die Moleküle der absorbierenden DNA angeregt. In Abhängigkeit von der Größe der absorbierten Energie ist diese Anregung irreversibel und führt zu einer **chemischen Reaktion**. Im Fall der DNA z.B. zu Strangbrüchen. Im Regelfall werden derartige chemische Veränderungen von der Zelle rasch erkannt und repariert. Dadurch wird unter anderem die Pigmentierung ausgelöst.

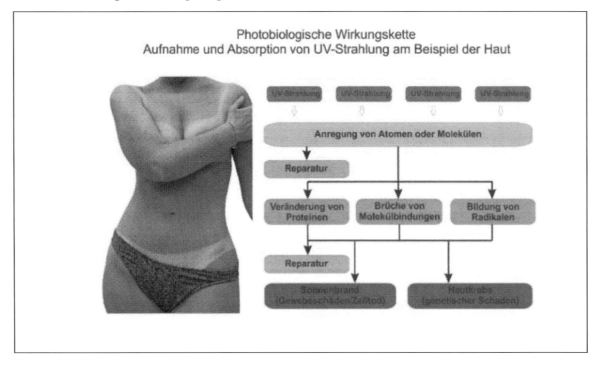

Abbildung 7: Mögliche Schädigungen durch UV-Strahlung - die photobiologische Wirkungskette

In besonderen Fällen kann es aber auch sein, dass diese Reparaturen nicht funktionieren, so dass das betroffene Molekül – hier als Beispiel die DNA- seine normale Funktion nicht mehr ausüben kann. In diesen Fällen kommt es zu einer **biologischen Reaktion**, nämlich einer Fehlfunktion, die sich z.B. als Zelltod oder als Hautkrebs manifestieren kann. Unter bestimmten Umständen, wie z. B. der Anreicherung von UV-Schäden in den Zellen, kann es für den Organismus sogar von Vorteil sein, eine Zelle nicht zu reparieren, sondern zu töten. Dieser **programmierte Zelltod** wird als **Apoptose** bezeichnet. Höhere UV-Strahlungsdosen führen in der Haut zum Auftreten apoptotischer Zellen (abgetöteter Zellen), den sog. „sunburn cells". Insbesondere dunkle Hauttypen (Hauttyp V und VI) sind in der Lage, geschädigte Zellen effektiv zu reparieren oder schnell zu eliminieren. Dies ist einer der Gründe, warum Hautkrebs im Wesentlichen eine Rolle in der hellhäutigen Bevölkerung spielt und hier ca. 500mal häufiger vorkommt als bei dunklen Hauttypen. Unter bestimmten, widrigen Umständen kann es nämlich passieren, dass geschädigte Zellen nicht absterben sondern in einen unkontrollierten Wachstumszyklus eintreten. Immer dann, wenn das Immunsystem dieses Wachstum nicht unterdrücken kann, kommt es in der Folge zur Hautkrebsentstehung. Daraus lässt sich ableiten, warum man mit einem krankheitsbedingt geschwächten Immunsystem keine UV-Bestrahlungsgeräte nutzen sollte.

Praxishinweis:

Durch UV-Strahlung werden bereits nach sehr kurzer Zeit (8-10 Sekunden) Schäden in den Zellen an der DNA und den Zellmembranen angerichtet. Diese Schäden führen zur Bildung von Melanin (brauner Farbstoff), der UV-Strahlung absorbieren und in Wärme umwandeln kann. Die kosmetisch gewünschte Bräune im Sonnenstudio ist damit das Ergebnis einer vorangegangenen Gewebeschädigung. Der übliche Sprachgebrauch einer sog. „gesunden Bräune" ist deshalb falsch. Die Bräune ist nicht gesund, sondern das Ergebnis einer vorangegangenen Schädigung.

Innerhalb der Zelle lassen sich die folgenden **Strukturen** definieren, die im Wesentlichen von den biologischen Wirkungen der Strahlung betroffen sind:

Wirkung auf den Zellkern.

Innerhalb des Zellkerns befindet sich die Erbsubstanz, die **DNA**, in der alle Informationen, die zum Leben der Zelle benötigt werden, gespeichert sind. Bei der Zerstörung dieser Informationen – Vergleichbar der Zerstörung der Festplatte eines Computers - ist die Zelle im Regelfall nicht überlebensfähig. Diese DNA ist deshalb sehr empfindlich gegenüber UV-Strahlung, da sie in der Lage ist, **UV-Strahlung zu absorbieren**. Das Absorptionsmaximum der DNA liegt dabei bei 254 nm und somit exakt im UVC-Bereich. Aber auch UVA- und UVB-Strahlung sind in der Lage, die DNA zu schädigen. Durch UV-Strahlung kann es an der DNA zu zahlreichen, unterschiedlichen Schäden kommen: Einzelstrangbrüche, dabei wird in einem der zwei Stränge eine Unterbrechung erzeugt, Doppelstrangbrüche, dabei werden beide Stränge zerstört; Schädigung der Basen. Einzelne Basen lösen sich vom Strang; Zerstörung der Wasserstoffbindungen zwischen den Basen; Bildung von Brücken zwischen den Basen (Thymindimere). Wegen der Bedeutung der DNA für die Zelle existieren zahlreiche **Reparaturmechanismen**, die die entstandenen Schäden reparieren – sofern bis zur nächsten UV-Bestrahlung ein angemessener Zeitraum besteht und die Schäden insgesamt ein Ausmaß nicht überschritten haben, das die Reparatur unmöglich macht. Bedingt durch die unterschiedlichen möglichen Schäden der DNA existieren für jeden Schaden spezifische Reparaturmechanismen, die jeweils unterschiedlich schnell sind. Während manche Schäden nach wenigen Stunden repariert sind, findet man andere Schäden noch nach Zeiträumen von mehr als 24 Stunden. Daraus leitet sich in Bezug auf die UV-Schutz-Verordnung ab, dass zwischen zwei Besonnungen zwingend eine Pause von **48 Stunden** liegen muss, damit diese Reparaturmechanismen aufgetretene Schäden finden und möglichst vollständig reparieren können. Durch die Schäden in der DNA werden nicht nur die Reparaturmechanismen ausgelöst, sondern die Schädigung der DNA gilt auch als **Auslöser für die Pigmentierung**. Sind die Schäden so groß, dass eine Reparatur nicht mehr möglich ist, wird die Zelle getötet (sunburn cells).

Neben der DNA kann aber auch die **Kernmembran**, die schützende Hülle des Kerns, durch die UV-Strahlung zerstört oder beschädigt werden, was zu einer Stoffwechselstörung innerhalb der Zelle führt.

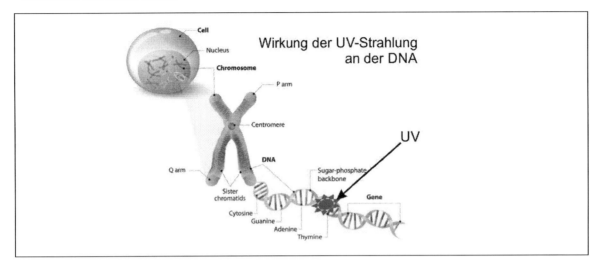

Abbildung 8: Wirkung der UV-Strahlung an der DNA

Wirkung an den Membranen.

Durch die Einwirkung der UV-Strahlung kommt es in den Zellmembranen – insbesondere an der äußeren Zellhülle- zu **Fetteinlagerungen**, die in der Konsequenz dazu führen, dass die Durchlässigkeit der Membran für verschiedene Substanzen gestört wird. Dies führt dazu, dass die Organellen mit den geschädigten Membranen sich auflösen, was im Regelfall zum Zelltod führt. Auch die Schädigungen der Zellmembran spielen eine wesentliche Rolle bei der Ausbildung des UV-Schutzes und hier insbesondere der Pigmentierung.

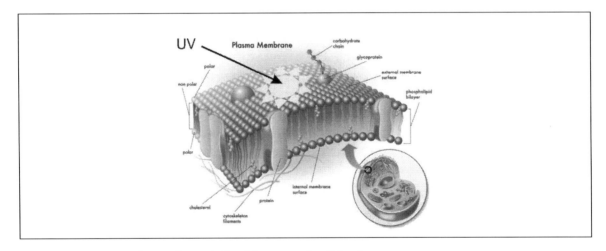

Abbildung 9: Wirkung der UV-Strahlung an der Membran

Wirkung an den Mitochondrien.

In den Mitochondrien, den Kraftwerken der Zelle, wird die Energie für die Zellen hergestellt. An der Energiebereitstellung sind bestimmte Proteine beteiligt, die empfindlich sind gegenüber UV-Strahlung. Durch die Strahlung wird die **Energiesynthese unterbrochen**, in die Membranen der Mitochondrien lagert sich Fett ein und die Mitochondrien zerfallen abschließend. Damit bricht die Energieversorgung der Zelle zusammen und die Zelle stirbt.

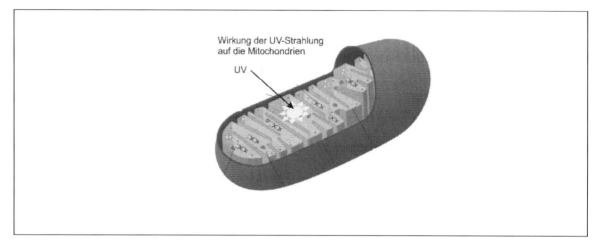

Abbildung 10: Wirkung der UV-Strahlung an den Mitochondrien.

Wirkung am Zentriol.

Das Zentriol bildet in der Zelle eine Spindel, ein Skelett aus, an dem sich die Zellstrukturen bei der Zellteilung ausrichten können. Durch UV-Bestrahlung wird die **Spindelausbildung gestört** und in der Folge kommt es zu Vervielfältigungen der Chromosomensätze mit irreparablen Schäden, die im Regelfall zum Zelltod führen.

Wirkung auf das Zytoplasma.

Durch die Einwirkung von UV-Strahlen wird im Zytoplasma – der Flüssigkeit in der Zelle - eine **Denaturierung** der im Plasma enthaltenen Eiweiße erzeugt, was zu einer Verdickung des Plasmas führt. Es kommt zur Bildung von „Luftbläschen" in den Zellen und zu Fettablagerungen in der Zelle. Dadurch wird der Stoffwechsel der Zelle erheblich gestört und im Extremfall stirbt die Zelle.

2.2.1.2   Zusammenfassung und Merksätze

Damit UV-Strahlen eine biologische Wirkung auslösen können, müssen sie vom Organismus in Empfangsorganen aufgenommen und an Erfolgsstrukturen absorbiert werden. Empfangsorgane sind die Haut und die Augen. Erfolgsstrukturen sind Bestandteile der Zellen und hier insbesondere die DNA und die Zellmembran.

Die Absorption der Energie der UV-Strahlung ist die Grundlage für die Auslösung einer positiven oder negativen biologischen Wirkung und beruht in der Regel auf einem sog. Resonanzeffekt.

Mit der Absorption der Energie der UV-Strahlung wird eine photobiologische Wirkungskette in Gang gesetzt, die aus einer physikalischen, einer chemischen und einer biologischen Reaktion besteht und zunächst in der Zelle durch die aufgenommene Energie einen Schaden anrichtet, der durch Reparatursysteme wieder repariert werden kann.

Durch die Absorption der Energie in der Zelle werden Schäden verursacht, die Schutzmechanismen auslösen. Die Zerstörung der DNA und der Zellmembranen der Zelle führt auch zur kosmetisch gewünschten Pigmentierung (Bräunung).

Unterschiedliche Schäden aktivieren unterschiedliche Reparaturmechanismen, die mit unterschiedlicher Geschwindigkeit sehr effizient die angerichteten Schäden reparieren. Bei dunklen Hauttypen arbeiten diese Schutzmechanismen deutlich effektiver als bei hellhäutigen Menschen. Diesen Reparaturmechanismen ist die Forderung der UV-Schutz-Verordnung geschuldet, nach einer UV-Bestrahlung eine Bestrahlungspause von 48 Stunden einzulegen.

2.2.1.3   Lernzielkontrollfragen

1. **Welche drei wichtigen Zellorganellen sind in der Lage, UV-Strahlung zu absorbieren?**
   o Endoplasmatisches Retikulum, Golgi-Apparat, Zytoplasma
   o Zellmembranen, DNA, Mitochondrien
   o Ribosomen, Lysosomen, Spliceosomen

2. **Welche Verhaltensempfehlungen lassen sich aus der sog. photobiologischen Wirkungskette für die Nutzung von UV-Bestrahlungsgeräten ableiten?**
   o Eine Pause nach jeder UV-Bestrahlung von mindestens 48 Stunden
   o Eine Pause nach jeder UV-Bestrahlung von mindestens 24 Stunden
   o Eine Pause nach jeder UV-Bestrahlung von mindestens 36 Stunden

3. **Warum bekommt der Hauttyp VI im Gegensatz zu Hauttyp I oder II nur sehr selten einen UV-bedingten Hautkrebs?**
   o Der Hauttyp VI bekommt genauso häufig einen UV-bedingten Hautkrebs wie Hauttyp I und II.
   o Weil der Hauttyp VI nur sehr selten ein UV-Bestrahlungsgerät benutzt.
   o Wegen der sehr starken Pigmentierung und ausgezeichneten Reparaturmechanismen.

4. Was versteht man unter Apoptose?
- o Die irreversible Schädigung der DNA durch UV-Strahlung.
- o Den sog. programmierten Zelltod bei Zellen, die nicht mehr repariert werden können.
- o Die Reparatur der DNA nach einer Beschädigung durch UV-Strahlung.

5. Wie lange dauert es ungefähr, bis UV-Strahlung im menschlichen Gewebe einen Schaden hervorruft?
- o 8-10 Sekunden.
- o 8-10 Minuten.
- o 5:30 Minuten (Testbestrahlung)

6. Um eine biologische Wirkung durch UV-Strahlen auslösen zu können, müssen zwei Schritte nacheinander ablaufen. Welche sind das?
- o Emission der UV-Strahlung durch ein Gewebe und danach die Adhäsion der Energie der UV-Strahlung durch eine Struktur in diesem Gewebe.
- o Aufnahme der UV-Strahlung durch ein Gewebe und danach die Absorption der Energie der UV-Strahlung durch eine Struktur in diesem Gewebe.
- o Aufnahme der UV-Strahlung durch ein Gewebe und danach die Absorption der Energie der UV-Strahlung durch eine Struktur in dem darunter liegenden Gewebe.

7. Was ist die wesentliche Funktion der sog. photobiologischen Wirkungskette?
- o Die Reparatur von durch UV-Strahlung geschädigten Zellen und Zellorganellen.
- o Die Reparatur von durch Infrarotstrahlung geschädigter Zellorganellen und Zellen.
- o Die Zerstörung von durch UV-Strahlung geschädigten Zellen und Zellorganellen.

8. Eine akute Überdosierung der Haut mit UV-Strahlung lässt sich erkennen an...
- o Sonnenbrand
- o Hautalterung
- o Hautkrebs

9. Warum ist Sonnenbrand (entweder ein akuter Sonnenbrand oder zahlreiche Sonnenbrände in Kindheit und Jugend) ein Ausschlusskriterium?
- o Sonnenbrand ist ein Zeichen für eine Überdosierung von UV-Strahlung und damit für eine schwere Gewebeschädigung.
- o Sonnenbrand ist kein Ausschlusskriterium.
- o Sonnenbrand ist eine Vorstufe der Pigmentierung und damit ein Hinweis auf eine vorangegangene Gewebeschädigung.

10. Dürfen schwangere Frauen ein UV-Bestrahlungsgerät benutzen?

- o Ja
- o Nein
- o Nur nach ärztlicher Klärung

Praxishinweis:

Im Beratungsgespräch muss der Kunde über die potenziellen Risiken im Umgang mit der UV-Strahlung zutreffend informiert werden. Wegen der Fülle der zu vermittelnden Informationen ist es ratsam, die Beratungsgespräche im Sonnenstudio unter zu Hilfenahme von sog. Checklisten oder Hauttypenanalysen etc. durchzuführen. So wird sichergestellt, dass im Beratungsgespräch keine Informationen vergessen werden.

Sofern vorgefertigte Checklisten zum Einsatz kommen, ist darauf zu achten, dass in den Vorlagen keine Fehler enthalten sind, da sonst ein systematischer Fehler in allen Beratungsgesprächen das Ergebnis ist.

2.2.2   Wirkung der UV-Strahlung auf die Haut

2.2.2.1   Die Haut

In Abhängigkeit von der jeweiligen Größe eines Menschen erreicht die Haut als **größtes** und **vielseitigstes Organ** eine Fläche von 1,5 bis 2 m^2 bei einem Gewicht von 3,5 bis 10 kg mit ca. **110 Milliarden Zellen**. Die Haut weist eine erstaunliche Reißfestigkeit auf – bis zu 90 kg pro cm^2 - und bildet die sichtbare **Grenze** und **Oberfläche** des Menschen. Sie **schützt** den Organismus vor dem Eindringen von festen, flüssigen und gasförmigen Fremdstoffen, Krankheitserregern, mechanischen Verletzungen und Strahlenschäden von außen. Gleichzeitig **verhindert** oder reguliert sie den Verlust von Flüssigkeit, Elektrolyten, Wärme und Proteinen von innen. Zusätzlich übernimmt die Haut wichtige Funktionen im Bereich des **Stoffwechsels** (Abgabe von Stoffwechselendprodukten in abgeschilferten Zellen) und der Immunologie (Infektionsabwehr, Säureschutzmantel) und verfügt über vielfältige **Anpassungsmechanismen** (Pigmentierung, Dehnung). Diese vielfältigen Funktionen werden durch zahlreiche Organe und spezialisierte Zellen der Haut übernommen. Auf nur 1 cm^2 verteilen sich ca. 5.000 Sinneskörper, 4 Meter Nervenfasern, 200 Schmerzpunkte, 100 Schweißdrüsen, 15 Talgdrüsen, 12 Kältepunkte, 5 Haare und 2 Wärmepunkte. Die notwendige Versorgung wird mit über 1 Meter Venen und Arterien erreicht. Insgesamt durchziehen ca. 240 km Blutgefäße als sog. Kapillaren die Haut und pumpen täglich ca. 160 Liter Blut durch die Haut. Ca. 1 Liter Blut kann die Haut speichern. Dieses Blutgefäßsystem der Haut unterstützt die **Temperaturregulation** des Menschen, da ca. 3/4 der überschüssigen Körperwärme über das Blutgefäßsystem der Haut nach außen abgegeben werden. Den Rest der Temperaturregelung erledigt die Wasserverdunstung bei der Schweißproduktion. Der **Gasaustausch** über die Hautatmung ist hingegen sehr gering und macht lediglich zwei Prozent des Sauerstoff- und Kohlendioxidverbrauchs im Stoffwechsel aus.

Zusammengefasst übernimmt die Haut damit im Wesentlichen vier Funktionen:

1.   Sie bildet die **Trennschicht** zwischen dem Menschen und seiner Umgebung und schützt ihn so vor schädlichen Umwelteinflüssen wie z.B. mechanischen, chemischen und physikalischen Einwirkungen.

2.   Durch die in der Haut enthaltenen Tastkörperchen stellt sie ein wichtiges **Sinnesorgan** dar.

3.   Sie übernimmt wichtige **Regulationsfunktionen** in Bezug auf den Wasserhaushalt und die Körpertemperatur, indem sie über Schweißdrüsen die Abgabe des Wassers reguliert und über die Erweiterung oder Verengung der peripheren Blutgefäße die Körpertemperatur konstant hält.

4.   Durch die Veränderung der Durchblutung wirkt die Haut auch als **Kommunikationsorgan**, wie sich an den Redewendungen „vor Neid erblassen" oder „vor Scham erröten" erkennen lässt.

Grob eingeteilt besteht die Haut aus drei Schichten, der **Oberhaut**, der **Lederhaut** und der **Unterhaut**. Weiterhin kann man zwei Hauttypen unterscheiden, die **Leistenhaut**, die man nur an den Handflächen und Fußsohlen findet, und die nur Schweißdrüsen aber keine Haare und Talgdrüsen enthält, und die **Felderhaut**, die den Rest der Haut bildet und neben den Schweißdrüsen auch Haare und Talgdrüsen enthält.

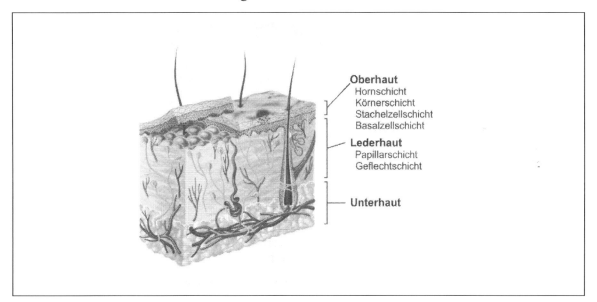

Abbildung 11: Aufbau der Haut

Die **Oberhaut** (Epidermis) bildet die oberste Schicht der Haut und hat je nach Körperregion eine Dicke von 50 bis 150 µm. Besonders dünn ist sie an den Augenlidern, besonders dick an Handflächen und Fußsohlen. Sie lässt sich in vier weitere Schichten unterteilen:

Hornschicht (Stratum corneum)

Die Hornschicht, als eigentliche **Trennschicht** zwischen Außenwelt und Körperinnerem, besteht aus ca. 25 bis 30 Reihen flacher, mit Keratin gefüllter Zellen (den Korneozyten), die im Rahmen eines permanenten **Erneuerungs-** und **Reinigungsprozesses** ständig abgeschilfert und durch einen Fettfilm zusammengehalten und geschmeidig gemacht werden. Bestünde die Hautoberfläche nur aus Hornplatten, wäre der Mensch mit einem starren Außenskelett umgeben, dass viele Bewegungen erschweren würde. Der Fettfilm besteht aus einem Mix von mehreren Fettkomponenten wie Cholesterin, Ceramiden und Fettsäuren und füllt die Zwischenräume zwischen den einzelnen Hornzellen wie der Mörtel in einer Mauer aus. Ohne diesen Fettfilm würden wir stündlich bis zu einen Liter Wasser über die Haut verlieren. Die Zellen der Hornschicht enthalten keinen Zellkern, kein Zytoplasma und keine Zellorganellen und sind dementsprechend tot. Jede dieser **Hornscheiben** ist ursprünglich aus einer lebenden Zelle hervorgegangen und zu Schutzzwecken in eine harte, dichte und undurchlässige Hornplatte umgewandelt worden, die so den Organismus vor z.B. UV-Strahlung schützen. In der Hornschicht findet demnach auch kein Stoffwechsel mehr statt. Die Hornschicht wird permanent aus Zellen der Basalzellschicht neu gebildet. Die neu gebildeten Zellen drängen die älteren Zellen nach Oben ab. Schließlich wird die oberste Lage der Scheibchen aus dem Verbund gelöst und abgestoßen. Dieser Vorgang ist dem Häutungsprozess der Schlangen vergleichbar, nur hängen die abgestoßenen, winzigen Hornplatten nicht mehr zusammen und sind deshalb – bedingt durch die geringe Größe der Platten – nicht mehr sichtbar. Der Erneuerungsprozess mit der Zellwanderung dauert ungefähr **zwei bis vier Wochen**. In diesem Erneuerungsprozess der Haut begründet sich auch die Forderung aus der UV-Schutz-Verordnung, bei einer Unterbrechung einer Bestrahlungsserie von bis zu drei Wochen mit einer um eine Stufe verringerten Stärke fortzufahren bzw. bei einer Unterbrechung von mehr als vier Wochen wieder von vorne zu beginnen.

Mit der Abschuppung der Hornzellen werden täglich ca. 10 Millionen der 100 Millionen Hornzellen abgestoßen und damit ein großer Teil der Stoffwechselrückstände abgegeben. Am unteren Ende der Hornschicht, zwischen der Hornschicht und der Verhornungszone, befindet sich die sog. **Barrierezone**, die - ähnlich einer Plastikfolie - den Organismus vor eindringenden Substanzen schützt und dazu führt, dass zahlreiche Salben und Kosmetika ohne Wirkung bleiben, weil die darin enthaltenen Wirkstoffe diese Barriere nicht durchdringen können.

Neben den bereits benannten Hornplatten und Fetten enthält die Hornschicht vor allem Wasser, dass über sog. Feuchthaltefaktoren (Harnstoff) gebunden wird. Das Wasser spielt für die Barrierefunktion der Hornschicht eine große Rolle. Fehlt es, so fühlt sich die Haut rau und spröde an und die Durchlässigkeit wird deutlich größer. Ist die Verhornung der Zellen gestört, kommt es zum Krankheitsbild der sog Schuppenflechte (Psoriasis).

Körnerschicht (Stratum granulosum)

Die Körnerschicht besteht aus 3 bis 5 Reihen flacher Zellen, die die zur **Keratinbildung** notwendigen Substanzen enthalten. In dieser Schicht verlieren die Keratinozyten ihren Kern und werden zu den kernlosen Hornzellen. Gleichzeitig werden hier ölähnliche Substanzen ausgeschieden, die die Oberhaut geschmeidig machen.

Stachelzellschicht (Stratum spinosum)

Die Stachelzellschicht besteht aus 8 bis 10 Reihen von Zellen mit stacheligen Ausläufern, die die Zellen miteinander verbinden. Diese Verbindungen bilden ein **Gerüst**, das die Oberhaut stabil hält.

Basalzellschicht (Keimschicht, Stratum basale)

Die Basalzellschicht besteht aus einer einfachen Schicht von sich ständig teilenden Zellen, die sich in Richtung Oberfläche schieben. Auf dem Weg zur Oberfläche verwandeln sich die Zellen zunächst in Zellen der Stachelzellschicht, aus diesen entstehen die Körnerzellen, und daraus schließlich die Hornzellen. Alle zusammen gehören zu den Keratinozyten. Anschließend verlieren sie ihren Kern und werden dann als Zellen der Hornschicht abgeschilfert und durch jüngere, nachrückende Zellen ersetzt. Die Erneuerung der Haut findet etwa im Monatsrhythmus statt. In der Basalzellschicht befinden sich auch die Rezeptoren, die die Berührungen wahrnehmen (Merkelsche Scheiben).

Ein Teil der Zellen der Basalzellschicht, die sog. **Melanozyten** - enthalten Melanin, das Pigment, das der Haut die Farbe verleiht und auch für die Sonnenbräune verantwortlich ist. Die Funktion dieser Melanozyten besteht darin, die tiefer liegenden Keratinozyten (aus denen sich die kernlosen Hornzellen (Keratozyten) bilden) wie ein **Sonnenschirm** vor UV-Strahlung zu schützen. Ein Melanozyt ist dabei verantwortlich für den Schutz von 36-38 Keratinozyten. Entsprechend findet man pro Quadratmillimeter etwa 1.000 Melanozyten. Das entspricht einem Anteil von ca. 3 % der Hautzellen. Die Dichte der Melanozyten schwankt in Abhängigkeit von den der UV-Strahlung in unterschiedlichem Maß ausgesetzten Hautarealen. Die höchste Konzentration von Melanozyten findet sich auf dem Rücken, den Schultern, dem Gesicht und auf dem Kopf. Die geringsten Konzentrationen finden sich in den Handflächen und den Fußsohlen. Die Hauptfunktion der Melanozyten besteht in der Produktion des braunen Farbstoffes Melanin, der in der Lage ist, die Energie der UV-Strahlung zu absorbieren und in einer ultraschnellen Reaktion in Wärme umzuwandeln und damit „unschädlich" zu machen. Gleichzeitig ist das Melanin dazu in der Lage, mit chemischen Radikalen zu reagieren (die als Folge einer UV-Bestrahlung gebildet worden sind) bevor diese die DNA oder andere zelluläre Strukturen schädigen können. Die mögliche Wirkung dieser Photoradikale wird somit gedämpft.

Der braune Farbstoff Melanin ist chemisch betrachtet ein Polymer, dass durch mehrere Enzyme aus der Aminosäure Tyrosin gebildet wird. Der Terminus „Melanin" ist dabei ein Oberbegriff für unterschiedliche Farbstoffe (Melanine), die gebildet werden können. Grundsätzlich werden in den Melanozyten gleichzeitig mehrere Melanine gebildet. Am häufigsten die sog. Phaeomelanine und die Eumelanine. Das Eumelanin hat ein hohes Molekulargewicht und ist sehr dunkel, während das Phaeomelanin leichter ist und eine helle Farbe hat. Die Menge und das Verhältnis von Eumelanin zu Phaeomelanin hängen von zahlreichen Faktoren ab (Enzymgehalt, Mangangehalt, Kupfergehalt, Zinkgehalt, Antioxidantien etc.) und beeinflusst maßgeblich die Farbe der Haut.

Werden die Melanozyten mit zu hohen Dosen von UV-Strahlung bestrahlt, so können sie selbst beschädigt werden und sich in Tumorzellen verwandeln, aus denen dann das sog. maligne Melanom, der sog. schwarze Hautkrebs, entsteht.

Die **Lederhaut** (Dermis) erreicht, je nach Bereich, eine Dicke von 0,3 bis 4,0 mm und verleiht der Haut ihre Elastizität und Reisfestigkeit. Die Bezeichnung Lederhaut entstammt der industriellen Nutzung von Tierhäuten, bei der durch das **Gerben** der Lederhaut tierischer Häute das **Leder** gewonnen wird. In die Lederhaut sind die sog. **Hautanhangsgebilde** (Talgdrüsen, Schweißdrüsen, Duftdrüsen, Haare, Nerve und Hautsinnesorgane) eingebettet. Ein dichtes Netzwerk aus Kollagenfasern und elastischen

Fasern bildet die Verankerung zur Oberhaut und sind zusammen mit sog. Quellmolekülen für die unterschiedliche Elastizität und Reisfestigkeit der Haut an z.B. Gelenken verantwortlich. Eine Überdehnung der Kollagenfasern führt zu Strangbrüchen (Schwangerschaft oder nach starkem Übergewicht), die zu sichtbaren Schäden führt. Normale **Alterungsprozesse** (auch resultierend aus Überdehnungen) der Haut führen zu einem **Verkleben der Fasern**, damit zu einer Verminderung der Wasseraufnahme und damit zu einer verminderten Elastizität und somit zur bekannten **Faltenbildung**.

Die Lederhaut besteht aus zwei Schichten, der Papillarschicht und der Geflechtschicht.

Die **Papillarschicht** (Stratum papillare) setzt sich aus lockerem Bindegewebe zusammen, in dem sich feine, elastische Fasern befinden. Die Grenze zur Oberhaut ist durch kleine Auswölbungen (Hügel oder Zapfen, **dermale Papillen**) vergrößert, in denen sich kleine Blutkapillaren befinden, die die Oberhaut versorgen. Die dermalen Papillen dienen nicht nur der festen Verbindung zwischen Oberhaut und Lederhaut, sondern sorgen auch dafür, dass die Oberhaut ihre charakteristische linienartige Struktur erhält, die man z.B. an den Fingern deutlich als **Fingerabdruck** erkennen kann. In den dermalen Papillen befinden sich auch die Berührungsrezeptoren (Meissnersche Körperchen), die vor allem an den Fingern den Tastsinn ausmachen.

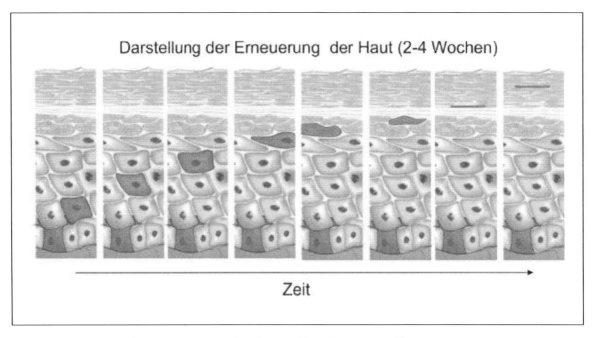

Abbildung 12: Differenzierung und Lebenszyklus der Hautzellen

Die **Geflechtschicht** (Stratum reticulare) bildet den unteren Teil der Lederhaut und besteht zu ca. 98 % aus kollagenen Fasern, die der Lederhaut die Elastizität und Stabilität verleihen. Sie wird von Blutgefäßen und Nerven durchzogen und enthält Fettgewebe, Haarfollikel, Talgdrüsen und Talggänge. Die Nerven im Hautbindegewebe vermitteln die Empfindungen: Berührung, Druck, Kälte, Hitze, Schmerz und Juckreiz. Die Muskelfasern in der Lederhaut führen insbesondere im Gesicht zu dem für Menschen typischen **Mienenspiel**, während die glatten Muskelfasern der Haarfollikel bei Kälteeinwirkung durch das Aufstellen der Haare für die sog. „Gänsehaut" sorgen.

Die **Unterhaut** (Subcutis) besteht aus lockerem Bindegewebe, dass als **Verschiebeschicht** der Haut zu den tiefer gelegenen Gewebeschichten fungiert. In der Unterhaut findet man die Schweißdrüsen und spezielle Rezeptoren für Druck- und Vibration (Vibrationstastkörperchen). In Abhängigkeit von der Körperstelle sind in der Unterhaut Fettzellen eingelagert, die als **subcutanes Fettgewebe** als mechanische **Polsterung** (Stoßpuffer), **Kälteschutz** und **Energiespeicher** dienen. Bei einem normalgewichtigen Menschen betragen diese Fettpolster ungefähr 10 % des Körpergewichtes. Das entspricht einem Energievorrat, der für ca. 40 Tage ausreicht. Individuelle Merkmale wie Geschlecht, Alter, Vererbung, Ernährung etc. bestimmen die Form und Gestaltung dieser Fettpolster. Durch Kältereize wird die Ausbildung des Fettpolsters in den unteren Hautschichten gefördert.

Praxishinweis:

Die für eine künstliche UV-Bestrahlung notwendigen Informationen über die Haut bekommt das Fachpersonal mit der Durchführung der Hauttypenanalyse und des Beratungsgespräches, bei der der Nutzer 10 Fragen wahrheitsgemäß beantworten soll. Einige Fragen lassen sich durch eine „Sichtkontrolle" des Kunden auf Plausibilität prüfen.

2.2.2.2   Pigmentierung der Haut (Bräunung)

In der Basalschicht, der untersten Schicht der Oberhaut, befinden sich die sog. **Melanozyten**, die aus bestimmten Aminosäuren (Tyrosin) den Farbstoff Melanin bilden, der für unsere Hautfarbe verantwortlich ist. Die Anzahl dieser Melanozyten ist bei allen Menschen ungefähr gleich, egal welche Hautfarbe vorliegt. Lediglich die Aktivität der Melanozyten und damit die Menge des produzierten Farbstoffes Melanin ist unterschiedlich. Die Aktivität der Melanozyten ist demnach einerseits **genetisch festgelegt**, kann jedoch auch über **Umwelteinflüsse** (UV-Strahlung) beeinflusst bzw. gesteigert werden, wodurch die Haut gebräunt wird. Unter UV-Bestrahlung bilden die Melanozyten lange, fingerartige Fortsätze, die sog. **Dendriten**, die in die benachbarten Zellen, die Keratinozyten, hinein wachsen und sogar durch diese hindurch wachsen können. In speziellen Organellen der Melanozyten (den **Melanosomen**) wird unter UV-Wirkung immer mehr und mehr Melanin gebildet und gelagert. Gleichzeitig wandern diese Melanosomen in die Dendriten und lagern sich schützend als „Sonnenschirm" **um den Zellkern** der benachbarten Zellen (Keratinozyten) um die im Kern enthaltende DNA vor UV-Strahlung zu schützen. Diese „Sonnenschirmfunktion" findet man nur in den tiefer gelegenen Schichten der Oberhaut. In den höher gelegenen Keratinozyten der Oberhaut lösen sich die Melanosomen auf und bilden einen farbigen „Nebel" aus Melanin, der „großflächig" die gesamte Zelle und nicht nur den Kern schützt. In Abhängigkeit von der Menge des gebildeten und eingelagerten Melanins verändert sich so die Farbe der eigentlich farblosen Keratinozyten in einen bräunlichen Farbton. Mit der Differenzierung der Keratinozyten zu den Hornzellen wird der Farbstoff dann langsam in den Zellen an die Hautoberfläche transportiert und ist schließlich mit dem bloßen Auge als **Bräunung der Haut** sichtbar. Die Bildung von Melanin bzw. die Dunkelung bereits vorhandener Pigmente ist dabei abhängig von der Wellenlänge der UV Strahlung (siehe unten). Die verhältnismäßig kurzwelligen UV-B Strahlen dringen nur in die Oberhaut ein und führen im Wesentlichen dazu, dass sich die schützende Hornschicht an der Hautoberfläche **verdickt** und die Pigmentneubildung angeregt wird. Durch UV-A Strahlung wird vor allem das bereits vorhandene Pigment verdunkelt (Sofortpigmentierung).

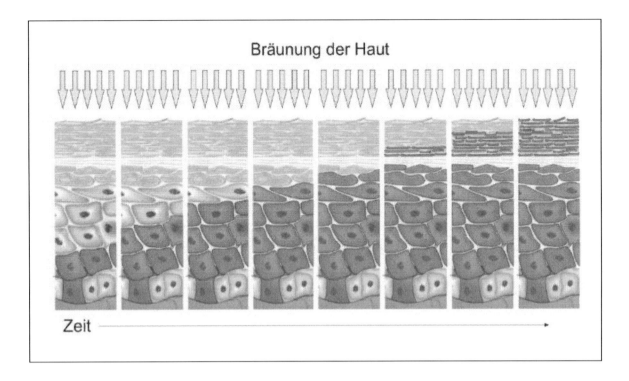

Abbildung 13: Pigmentbildung in der Haut (UV-Eigenschutz der Haut)

2.2.2.3   Eindringtiefe der UV-Strahlung in die Haut

Die photobiologischen Wirkungen der ultravioletten Strahlen werden dem menschlichen Organismus hauptsächlich über die Haut (und das Auge) vermittelt. Um eine biologische oder biochemische Wirkung auslösen zu können, müssen elektromagnetische Strahlen in die Haut eindringen und dort absorbiert werden. Die Oberhaut lässt aber UV-Strahlung nicht einfach passieren, sondern stellt eine **natürliche Barriere** gegen schädigende UV-Strahlung dar. Wenn UV-Strahlung auf die Haut auftrifft, so wird in Abhängigkeit von der Wellenlänge der Strahlung ein Teil der Strahlung **reflektiert**. Auch ein Teil der in die Haut eingedrungenen Strahlung wird in den obersten Hautschichten durch die Zellen und Moleküle gestreut und zurückgeworfen (**remittiert**). Der im Gewebe verbleibende Anteil der eingedrungenen Strahlung wird von den Zellen direkt oder nach zahlreichen Streuungen an **geeigneten Erfolgsorganen absorbiert** und kann dann seine photobiologische Wirkung entfalten.

Die **Eindringtiefe** der optischen Strahlung ist bei der Infrarotstrahlung (Wärmestrahlung) im kurzwelligen infraroten Bereich (IRA) am größten und nimmt sowohl zu kürzeren als auch zu längeren Wellenlängen hin stark ab. Fällt UV-Strahlung auf die menschliche Haut, so wird das kurzwellige UV-C mit einer Wellenlänge von 100 bis 280 nm an der Hornschicht vollständig absorbiert. Der Bereich der UV-B Strahlung mit einer Wellenlänge von 280 bis 315 nm wird annähernd vollständig in der Oberhaut absorbiert. Lediglich das längerwellige UV-A mit einer Wellenlänge von 315 bis 380 nm gelangt zu ca. 50 % in das tiefer liegende Gewebe der Lederhaut. Wenn die UV-Strahlen bestimmter Wellenlängen schließlich die Zelle erreicht haben, müssen sie zur Absorption (Aufnahme) geeignete Zellbestandteile finden, damit eine photobiologische Reaktion ausgelöst wird. Derartige Substanzen sind z.B. die Melanozyten oder die DNA der Zellkerne (siehe Oben). Da die optische Strahlung (vergl. Abbildung) nicht sehr tief in die Haut eindringt, beeinflusst sie nur Vorgänge, die in der Haut ablaufen oder von der Haut aus vermittelt werden. Da nur ein Organ, was von der Strahlung erreicht werden kann, auch durch diese Strahlung geschädigt werden kann, kommt es bei der Beurteilung von möglichen Schäden durch eine Strahlung darauf an, wie weit sie in den Körper eindringt. Die in ein Gewebe eindringende Wellenstrahlung, z.B. UV-Strahlung, wird dabei niemals vollständig absorbiert, sondern von jeder Gewebeschicht ein wenig abgeschwächt – vergleichbar dem Zerfall radioaktiver Stoffe. Beim Eindringen in ein Gewebe wird die Strahlung damit immer schwächer, verschwindet jedoch nicht vollständig.

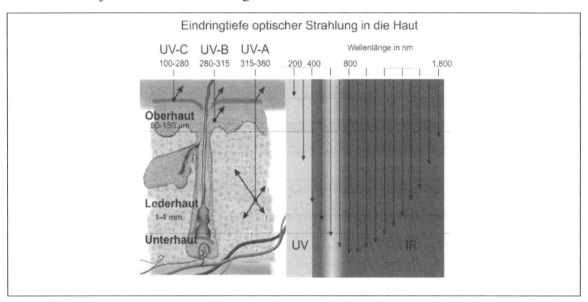

Abbildung 14: Eindringtiefe der UV-Strahlung in die Haut

Praxishinweis:

Da UV-A und UV-B-Strahlung unterschiedliche Wirkungen in der Haut erzielen, ist es notwendig im Sonnenstudio zu überprüfen, wie das Verhältnis von UV-A zu UV-B-Strahlung der einzelnen Solarien tatsächlich ist. Diese Informationen finden sich im Geräte- und Betriebsbuch.

2.2.2.4   Dosis-Wirkungs-Beziehung der UV-Strahlung

Aus der Pharmakologie ist hinlänglich bekannt, dass viele Medikamente in Abhängigkeit von ihrer Dosis (der Menge an Wirkstoff der verabreicht wird), unterschiedliche biologische oder pharmakologische Wirkungen hervorrufen. Entspricht die Dosis der gewünschten sog. therapeutischen Dosis, treten auch die gewünschten biologischen Effekte ein. Wird die Dosis – warum auch immer – überschritten, wird im Regelfall eine toxische Wirkung erzielt. Diese Besonderheit war schon Paracelsus bekannt der formulierte: „**Die Dosis macht das Gift**". Ein einfaches Beispiel ist die „Schlaftablette". In der richtigen Dosierung hilft sie Patienten mit Schafstörungen einfacher einzuschlafen oder besser zu schlafen. In der Überdosierung führt sie zum Tod. Entsprechend ist festzustellen, dass es eine sog. „Dosis-Wirkungs-Beziehung" gibt.

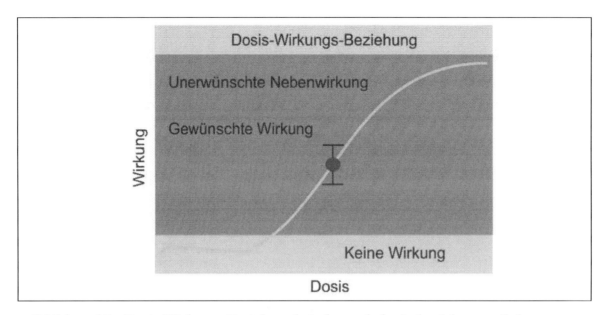

Abbildung 15: Dosis-Wirkungs-Beziehung bei pharmakologisch wirksamen Substanzen

Die biologischen Wirkungen eines Stoffes (Wirkstoff einer Tablette oder UV-Strahlung bestimmter Wellenlänge) bezeichnet die durch den Stoff ausgelöste biologische Veränderung. Diese Wirkung kann sich am Ort der Aufnahme des Wirkstoffes (bei der UV-Strahlung z.B. die Haut) lokal abspielen (**lokale Wirkung**) oder nach Aufnahme und Verteilung im Organismus systemisch wirken (**systemische Wirkung**). Die hervorgerufenen biologischen Veränderungen können dabei nur kurzfristig sein (die Wirkung tritt auf, solange der Wirkstoff in ausreichender Konzentration im Organismus ist) und nach Abbau des Wirkstoffes wieder verschwinden (reversible Wirkung), oder es kann zu sog. irreversiblen Wirkungen kommen, die auch **nach** Abbau des Wirkstoffes noch auftreten. Von besonderer Bedeutung sind dabei die sog. **„Summationsgifte".**

Bei den Summationsgiften bewirkt der Wirkstoff eine **irreversible Veränderung am Zielort** und die Wirkung bleibt auch nach dem Verschwinden des Wirkstoffes bestehen. Das führt dazu, dass bei einer später erneuten Verabreichung dieses Wirkstoffes, der Wirkstoff auf eine bereits bestehende Wirkung trifft und sich so die Einzelwirkung über einen langen Zeitraum „summieren" können. Im „schlimmsten Fall" wird letztendlich eine Dosis erreicht, die eine gravierende negative biologische Reaktion hervorruft, wie beispielsweise schwere Krankheiten (Vergiftungen) oder sogar den Tod. Beispiele für derartige Summationsgifte sind viele chemische Mutagene, Kanzerogene und **UV-Strahlen**. Dabei ist es unerheblich, aus welcher Quelle die UV-Strahlen stammen (natürliche oder künstliche Strahlung des Solariums).

Bei den Summationsgiften sind im Regelfall die Initialwirkungen zu klein um sichtbar oder auffällig zu sein. In Bezug auf UV-Strahlung bedeutet dies, dass im Laufe des Lebens eines Individuums jeden Tag durch die Sonnenstrahlung oder die Nutzung eines Solariums eine unterschwellige (unter der Schwelle der Akutwirkung) Strahlenbelastung erfolgt, die keine sichtbaren Veränderungen wie z.B. Sonnenbrand auslösen. Ein Schaden zeigt sich erst nach mehrfacher Wiederholung der Verabreichung. Bis zur Auslösung eines Hautkrebses durch UV-Strahlung dauert es in der Regel 20 bis 30 Jahre, d.h. die in den 70'er und 80'er Jahren UV-induzierten Schädigungen vor allem durch deutlich längere Aufenthalte im Freien und vermehrte Urlaube in sonnenreichen Regionen zeigen sich jetzt an der ansteigenden Zahl von Hautkrebserkrankungen. Geht man von einer gleichmäßig fortgesetzten Einwirkung aus, so lässt sich die Abhängigkeit als „Dosis-Zeit-Beziehung" charakterisieren. Mit anderen Worten bedeutet das, dass der Tumor (Hautkrebs) sich dann manifestiert, wenn hohe Konzentrationen kurze Zeit auf ein Individuum einwirken oder niedrige Konzentrationen eine längere Zeit. Wegen dieser Abhängigkeit von der Konzentration (c = Konzentration) und der Zeit (t – time) werden Summationsgifte auch als **„ct-Gifte"** bezeichnet.

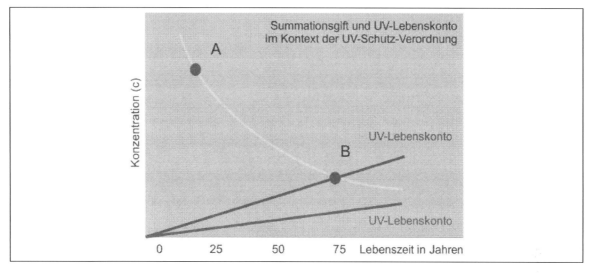

Abbildung 16: Wechselbeziehung zwischen Konzentration und Zeit bei Summationsgiften.

Aus der Wirkungsweise der Summationsgifte lässt sich mühelos der biologische Zweck der UV-Schutz-Verordnung und hier insbesondere die Reduzierung der erythemwirksamen Bestrahlungsstärke auf 0,3 Watt pro Quadratmeter ableiten. Durch UV-Strahlung wird bei jeder Bestrahlung ein biologischer Schaden in den Zellen des bestrahlten Gewebes angerichtet, der im Nachgang zur Bestrahlung durch die zelleigenen Reparatursysteme wieder repariert werden. In der Modellvorstellung steigt mit der Dosis der UV-Strahlung auch die Zahl der angerichteten Schäden. Da diese Schäden nicht vollständig repariert werden, summiert sich im Laufe des Lebens die Zahl dieser Schäden und erreicht irgendwann ein kritisches Ausmaß. Die Anzahl der Schäden lässt sich indirekt in der Funktion des „UV-Lebenskontos" ausdrücken (Je mehr UV-Strahlung auf dem Lebenskonto, desto mehr Schäden bleiben zurück). Reduziert man die Bestrahlungsstärke einer Sonnenbank, wird pro Nutzung weniger UV-Strahlung aufgenommen und das Ausmaß der Schäden langfristig reduziert.

Praxishinweis:

Aus der biologischen Eigenschaft des sog. Summationsgiftes lässt sich für die UV-Strahlung ableiten, dass nicht nur die bei einer jeweiligen Bestrahlung angewendete Dosis für die Gesundheitsgefährdung eine Rolle spielt, sondern auch die Dosis, die der Nutzer in seinem gesamten Leben erhalten hat. Darin begründet sich unter anderem die Forderung, zwischen den Bestrahlungen eine Pause einzulegen, die genauso lang ist wie die Dauer der Bestrahlungsserie und die Höchstgrenze von 50 UV-Bestrahlungen pro Jahr.

2.2.2.5   Stimulation des UV-Eigenschutzes der Haut

Ein gesunder Mensch mit gesunder Haut verfügt über **körpereigene Schutzmechanismen** gegen schädliche UV-Strahlung, den sog. **UV-Eigenschutz** der Haut. Dieser UV-Eigenschutz passt sich in seiner Stärke der mittleren Strahlenbelastung an, ein Vorgang, der UV-Adaptation genannt wird, und zwei Komponenten umfasst:

1. Die Pigmentierung der Haut (Bräunung)
Eine der wirksamsten Schutzreaktionen gegenüber der Erythembildung ist die Hautbräunung oder Pigmentierung, bei der zwischen zwei Mechanismen unterschieden wird.

Bildung des Hautfarbstoffes Melanin (indirekte Pigmentierung oder Melanogenese)

UV-Strahlung regt bereits bei einer Dosierung **unterhalb der Erythemschwelle** die Melanozyten an, aus vorhandenen Aminosäuren (Tyrosin) den Pigmentfarbstoff Melanin zu bilden. Vergleiche „Pigmentierung der Haut". Dabei wird vor allem durch UV-B-Strahlung die Neusynthese von Melanin eingeleitet, während unter dem Einfluss von UV-A-Strahlung und Sauerstoff die bereits vorhandenen, farbschwachen Melanin-Pigmente gedunkelt werden. Das oxidierte, dunkle Melanin legt sich schützend um den Zellkern und verhindert so, dass UV-Strahlung die Erbsubstanz DNA schädigt. Immer dann, wenn zahlreiche Zellen so durch das dunkle Pigment geschützt sind, bildet sich ein „Sonnenschirm", der das Eindringen von UV-Strahlung auch in tiefere Hautschichten verhindert. Gut ausgebildet kann so ein **Schutzfaktor von bis zu 10** erreicht werden.

Der Effekt dieser sog. **indirekten Pigmentierung** kann nicht nur durch UV-B Strahlung erzeugt werden, sondern auch durch hoch dosierte UV-A Strahlung. Dazu müssen allerdings Dosen von 1.000 bis 10.000fach über der Wirkdosis des UV-B mehrfach kurz nacheinander erreicht werden. Wurde die Haut zuvor durch Arzneimittel, Kosmetika oder andere Substanzen photosensibilisiert, ist der Effekt der indirekten Pigmentierung auch mit deutlich geringeren UV-A Dosen zu erreichen. (Siehe auch „Pigmentierung")

Sofortbräunung (Direkte Pigmentierung)
Alternativ zur Neubildung von Pigmenten kann durch UV-A Strahlung auch bereits vorhandenes Melanin in der farbschwachen Variante mit Sauerstoff oxidiert und so gedunkelt werden. Dies passiert unter UV-A Strahlung in den Keratinozyten während der Differenzierung der Zellen auf dem Weg von der Basalzellschicht zur Hornschicht und wird als **direkte Pigmentierung** der indirekten Pigmentierung gegenübergestellt.

2.   Die Verdickung der Hornschicht (Lichtschwiele)
Die zweite Komponente des UV-Eigenschutzes der Haut wird durch den Aufbau der so genannten **Lichtschwiele** erreicht. Unter dem Einfluss von UV-Strahlung aus dem Teilbereich UV-B kommt es zu einer **Verdickung der Hornhaut**, die letztendlich dazu führt, dass weniger UV-Strahlung in die Haut eindringen kann, und so zu einem zusätzlichen Schutzfaktor von bis zu dem **4fachen** führen kann.
Ein voll ausgebildeter UV-Eigenschutz kann die Erythemschwellendosis in Bezug auf nicht adaptierte Haut demnach um den **Faktor 40** steigern. Zu berücksichtigen ist dabei, dass der

Aufbau des UV-Eigenschutzes für jeden Hauttyp individuell verschieden ist und neben einer **ausreichenden Exponierung** von UV-Strahlung (UV-A **und** UV-B) unter anderem von **Alter und Gesundheitszustand** des Menschen abhängt. Der Aufbau des UV-Eigenschutzes durch Pigmentierung und Lichtschwiele beginnt bereits mit der ersten UV-Bestrahlung (und gehört damit zu den akuten Reaktionen), ist jedoch erst zwei bis drei Tage nach der Erstbestrahlung nachweisbar (sichtbar). Um den UV-Eigenschutz voll ausbilden zu können, ist eine Bestrahlungsserie mit UV-A und UV-B Strahlung mit ansteigender Dosis über einen Zeitraum von mindestens 2 bis 3 Wochen (besser 10 Wochen) nötig. Trotz steigender Dosis ist dabei sorgfältig darauf zu achten, dass ein Sonnenbrand vermieden wird. Dies lässt sich mit der Erstellung von **hauttypenspezifischen Dosierungsplänen** einfach erreichen.

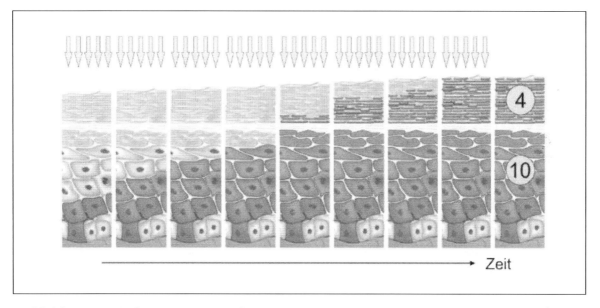

Abbildung 17: Aufbau UV-Eigenschutz

Abschließend ist festzuhalten, dass der UV-Eigenschutz der Haut den Menschen **lediglich vor der Bildung eines Sonnenbrandes** schützt (ähnlich wie eine Sonnenschutzcrem mit entsprechendem Lichtschutzfaktor) indem die dazu notwendige Schwelle angehoben wird. **Einen Schutz vor DNA-Schäden und Mutationen bietet der UV-Eigenschutz nur in geringem Umfang (2-3fach).** In diesem Zusammenhang sei daran erinnert, dass die Schädigung und Reparatur der DNA und der Zellmembranen notwendig ist für die Auslösung und Regulation der Melanogenese und damit der Bräunung. In einfachen Worten bedeutet das, dass ohne Schädigung der DNA und/oder der Plasmamembran keine Bräunung erfolgt. Ist die maximale Bräune erreicht, ist der Schutz der DNA am höchsten und die Bildung der Melanine wird herunter geregelt. Damit geht aber auch der Schutz wieder verloren und der Prozess beginnt von Neuem.

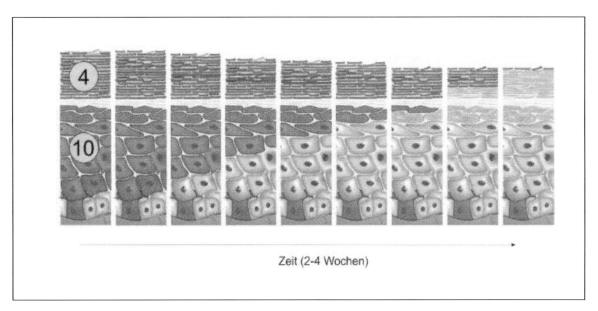

Abbildung 18: Depigmentierung

2.2.2.6   Akute Wirkungen

Bei den akuten Wirkungen durch UV-Strahlung lassen sich im Wesentlichen vier Wirkungen beschreiben, die **Pigmentierung**, die Bildung der **Lichtschwiele**, die **Erythembildung** (Sonnenbrand) und die **Photosensibilisierung.** Während die Pigmentierung und Bildung der Lichtschwiele als **natürliche Adaptation** des Organismus auf UV-Strahlung betrachtet werden kann, handelt es sich bei der Erythembildung um eine **Schädigung des Gewebes**, die nach **Überdosierung** von UV-Strahlung auftritt, und bei der Photosensibilisierung um eine Wirkung, die nur **in Kombination mit bestimmten zusätzlichen Reagenzien** (Kosmetika oder Medikamente) auftritt.

1. Pigmentierung

Eine der ersten unter UV-Bestrahlung einsetzenden Anpassungen des gesunden Menschen ist die unter „Stimulierung des UV-Eigenschutzes der Haut" beschriebene Pigmentierung der Haut. Zu unterscheiden sind hier die direkte und die indirekte Pigmentierung (s.o.).

Bei der **direkten Pigmentierung** werden bereits vorhandene, farblose Vorstufen des Melanins unter UVA Einwirkung sofort mit Sauerstoff oxidiert. Diese aschgraue oder graubraune Farbe tritt bereits während oder kurz nach der Bestrahlung auf. Durch die Oxidation des Farbstoffmoleküls Melanin verändert das Molekül seine Form und wechselt dabei vom farblosen in den braunen Konformationszustand. Gleichzeitig mit der Umformung des Melanins kommt es zu einer Umverteilung der Melanosomen in der Zelle. Die Melanosomen (das sind die die Farbe beinhaltenden Strukturen der Melanocyten) wandern aus ihrer ursprünglichen Position in der Nähe des Zellkerns in die Spitzen der Dendriten der Melanocyten. Dieser Zustand wird als immediate pigment darkening (IPD) bezeichnet und geht über in eine ca. 2 Stunden andauernden Zustand der sog. Persitierenden Pigmentierung (PPD = persistent pigment darkening). Der Fachterminus der sog. „Persistierenden Pigmentierung" entspricht umgangssprachlich dem Erscheinungsbild der direkten Pigmentierung. Da die Oxidation des Farbstoffes Melanin als chemische Reaktion umkehrbar ist, geht diese aschgraue bis graubraune Farbe innerhalb von 2 bis 24 Stunden wieder verloren, was dazu führt, dass der Kunde im Solarium, bei dem im Wesentlichen eine UVA-Bestrahlung erfolgt, die erworbene Bräune schnell wieder verliert und – mit dem Ziel des Aufbaus einer anhaltenden Bräunung - die Bestrahlung regelmäßig wiederholen muss. Bedingt durch die Tatsache, dass der Farbstoff Melanin in den Melanosomen der Melanocyten lediglich umverteilt wird und dieser Umverteilungsprozess sich nur auf die unteren Schichten der Oberhaut bezieht (Basalzellschicht), ergibt sich aus der direkten Pigmentierung **kein (!)** Schutz der Zellen gegen UV-Strahlung, da es weder zu einer ausreichenden Verteilung der Farbe in der Haut – insbesondere der besonders gefährdeten oberen Hautschichten - noch zu einer ausreichenden Neubildung von schützender Farbe (Melanin) kommt. Entsprechend ist die biologische Funktion der direkten Pigmentierung unbekannt. Solarien, die nur UV-A-Bestrahlungsquellen nutzen, können demnach keine langanhaltende Pigmentierung und die mit ihr einhergehende Schutzfunktion gegenüber nachfolgender UV-Bestrahlung aufbauen. Der Kunde wird zwar braun, einen Schutz der DNA hat er jedoch nicht. Die Abbildung zeigt schematisch die Dunkelung und Umverteilung der Melanosomen, also der farbstoffhaltigen Strukturen.

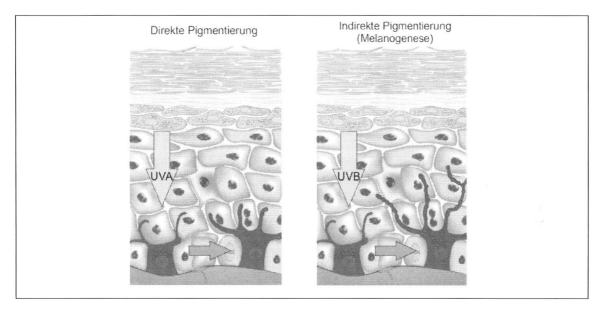

Abbildung 19: Direkte und indirekte Pigmentierung

Praxishinweis:

UV-Bestrahlungsgeräte enthalten einen sehr hohen Anteil an UV-A-Strahlung und im Regelfall nur sehr wenig UV-B-Strahlung. Mit Blick auf das Strahlungsspektrum der UV-Bestrahlungsgeräte und den Effekt der indirekten Pigmentierung ohne belastbaren Schutz lässt sich daraus ableiten, dass ein Vorbräunen im Sonnenstudio zur Vermeidung eines Sonnenbrandes im Urlaub nicht zu empfehlen ist.

Bei der **indirekten Pigmentierung** wird in den Melanozyten aus der Aminosäure Tyrosin der Farbstoff Melanin gebildet. Dieser Prozess der Neubildung von Melanin wird fachlich als Melanogenese bezeichnet und erfolgt im Wesentlichen als eine Reaktion auf eine Bestrahlung mit UVB. Entsprechend ist festzustellen, dass es sich im Vergleich zur direkten Pigmentierung um einen vollständig anderen biochemischen Prozess handelt, da nicht nur die spektrale Wirksamkeit anders ist (direkte Pigmentierung durch UVA, indirekte Pigmentierung durch UVB, UVB mehr als dreimal so wirksam wie UVA) sondern auch die zelluläre biologische Reaktion des bestrahlten Gewebes.

Nach der Bestrahlung mit UVB wird in einer zeitversetzten Reaktion die Stoffwechselaktivität der Melanozyten gesteigert und entsprechend mehr Melanin gebildet. Dies ist erkennbar an einer deutlichen größeren Anzahl von Melanosomen und einer deutlichen Vergrößerung der Melanosomen, also der Melanin enthaltenden Strukturen. Gleichzeitig kommt es zu einer Verlängerung und Verzweigung der Dendriten und damit zu einer besseren Verteilung der Melanosomen – und damit des Melanins – in der gesamten Oberhaut. Dieser Vorgang der Verteilung wird unterstützt durch den natürlichen Erneuerungsprozess der Oberhaut, bei dem die Zellen von der Basalzellschicht zur Hornschicht wandern und so ebenfalls zu einer gleichmäßigen Verteilung des Melanins in der Oberhaut beitragen. In diesem Zusammenhang ist festzustellen, dass sich intakte Melanosomen nicht in den oberen Keratinozyten der Oberhaut nachweisen lassen, während in den tiefer liegenden Zellen sich die Melanosomen wie ein Sonnenschirm über den Zellkern legen. Entsprechend ist zu vermuten, dass die Melanosomen in den oberen Zellen aufgelöst werden und zu einem „Melaninnebel" zerstäuben, der vermutlich einen deutlich besseren Schutz bildet und eine andere Farbe zeigt als das in Melanosomen konzentrierte Melanin. Im Ergebnis entsteht so – in Abhängigkeit von der Regenerationsgeschwindigkeit der Haut und der Stoffwechselrate der Melanozyten – eine gleichmäßige Färbung der Oberhaut mit Melanin, die nach 3 bis 4 Tagen sichtbar wird und ihr Maximum nach 10 bis 28 Tagen erreicht hat. Also zu einem Zeitpunkt, an dem der Kunde das Sonnenstudio schon lange verlassen hat. Anders als bei der direkten Pigmentierung wird durch die Neubildung von Melanin und die gleichmäßige Verteilung des Melanins in der gesamten Oberhaut nicht nur die gewünschte kupferbraune bis kaffeebraune Farbe erzielt, sondern auch ein mäßig wirksamer Schutz (Faktor 2-3) gegen UV-Strahlung aufgebaut, der – durch die Regeneration der Haut - nach 2 bis 4 Wochen ohne weitere Bestrahlung wieder verloren geht. Abschließend ist damit festzustellen, dass der Schutz der Haut vor schädlicher UV-Strahlung nicht nur durch die Menge und Art des Melanins (Eumelanin bzw. Phaeomelanin) bestimmt wird, sondern auch durch die Lokalisation des Melanins in der Haut.

Der Effekt dieser **indirekten Pigmentierung** kann nicht nur durch UV-B Strahlung erzeugt werden, sondern auch durch hoch dosierte UV-A Strahlung. Dazu müssen allerdings Dosen von 1.000 bis 10.000fach über der Wirkdosis des UV-B mehrfach kurz nacheinander erreicht werden. Dies ist im Sonnenstudio allerdings wegen der geforderten Bestrahlungspause von 48 Stunden nach einer UV-Bestrahlung nicht möglich. Wurde die Haut zuvor durch Arzneimittel, Kosmetika oder andere Substanzen photosensibilisiert, ist der Effekt der indirekten Pigmentierung auch mit deutlich geringeren UV-A Dosen zu erreichen. (Siehe auch „Pigmentierung" und photoallergische und phototoxische Reaktionen).

Praxishinweis:

Unter Berücksichtigung der angesprochenen Regeneration der Haut lässt sich die Forderung der UV-Schutz-Verordnung nachvollziehen, dass nach einer Unterbrechung der Bestrahlungsserie von 1 bis 4 Wochen mit einer um eine Stufe verringerten Bestrahlungszeit begonnen werden soll (Regeneration der Haut noch nicht abgeschlossen). Nach einer Pause von mehr als vier Wochen, wenn die Regeneration der Haut vollständige abgeschlossen und die gebildeten Pigmente verloren gegangen sind (kein Schutz mehr vorhanden) soll dann wieder mit der ersten Stufe begonnen werden.

Die Abbildung 20 zeigt die Wirkungsspektren von indirekter und direkter Pigmentierung. Während bei der direkten Pigmentierung ein breites Maximum bei ca. 340 nm vorliegt, erfolgt die indirekte Pigmentierung im kurzwelligen UVB-Bereich und folgt im Wirkungsspektrum grob dem Spektrum des Sonnenbrandes. Obwohl die Auslösung der Melanogenese ein multifaktorieller Prozess ist, lässt sich inzwischen auf der Basis zahlreicher wissenschaftlicher Beweise feststellen, dass die Pigmentierung unter anderem ausgelöst und reguliert wird durch akute und chronische Photoschäden an der DNA und deren Reparatur sowie durch Schäden an der Zellmembran. Mit anderen Worten ist die kosmetisch gewünschte Bräune nichts anderes als ein Schutzmechanismus vor schädigender UV-Strahlung und damit molekularbiologisch das Ergebnis einer akuten und anhaltenden Schädigung der DNA und der Zellmembranen! Dies lässt sich auch daran erkennen, dass das Wirkungsspektrum der Melanogenese im kurzwelligen UVB-Bereich angesiedelt ist, also dicht am Absorptionsmaximum der DNA.

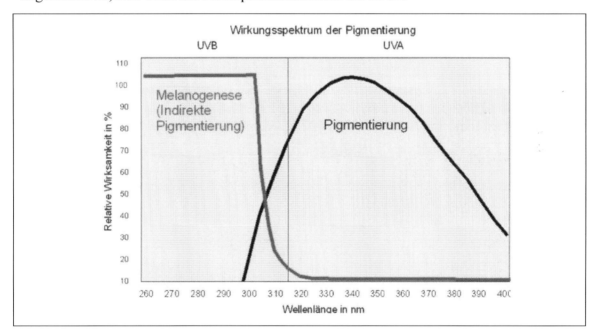

Abbildung 20: Wirkungsspektrum direkte und indirekte Pigmentierung. Das Absorptions-maximum der DNA liegt bei 254 nm

Erfolgt mit anderen Worten eine Bestrahlung mit UVB, so erfolgt eine Schädigung der DNA, die anschließend repariert wird und gleichzeitig die Bildung eines Schutzmechanismus (Melanogenese) auslöst.

2.   Lichtschwiele

Der zweite natürliche Anpassungsmechanismus der Haut auf UV-Strahlung ist der Aufbau der Lichtschwiele. Unter dem Einfluss von UV-B Strahlung verdickt sich die Hornhaut zur sog. **Lichtschwiele** und erreicht so – bedingt durch die Verdickung der Haut – einen um bis zu dem 4fachen zusätzlichen Schutz vor UV-Strahlung (Abbildung 14).

3.   Erythembildung (Sonnenbrand)

Eine **Überdosierung von UV-Strahlung**, z.B. in der Urlaubssonne, führt zu einer Zellschädigung, die durch eine Rötung der Haut einige Stunden nach der Bestrahlung sichtbar wird. Durch die Zellschädigung kommt es im geschädigten Gewebe zu einer Ausschüttung von entzündlichen und gefäßerweiternden Stoffen wie Histaminen und Serotonin, durch die sich in der Konsequenz die Blutgefäße innerhalb dieser Region erweitern, damit mehr Blut einströmen kann und damit ein höherer Antransport von Helfersubstanzen und ein rascher Abtransport des geschädigten Materials erfolgen kann. Diese Mehrdurchblutung lässt sich optisch an der **Rötung der Hautoberfläche** erkennen und taktil durch die **erhöhte Temperatur** dieser Regionen. Neben der Hautrötung und der Erwärmung der Haut durch den verstärkten Blutstrom können auch **Hautschwellungen**, **Blasenbildung**, **Juckreiz** und **(Berührungs)-schmerzen** als zusätzliche Symptome auftreten. Im Regelfall ist die stärkste Ausprägung des Erythems nach ca. 6 bis 24 Stunden erreicht, während die Heilung meist mehrere Tage dauert. Grundsätzlich gilt, dass bei einem Sonnenbrand keine weitere UV-Exposition durch natürliche Sonne oder künstlich erzeugte Strahlung mehr erfolgen darf, da durch die Zellschädigung die **Reparaturmechanismen** der Zellen nicht oder nicht mehr ausreichend arbeiten und so chronische Schäden hervorgerufen werden können, wie z.B. Hautkrebs.

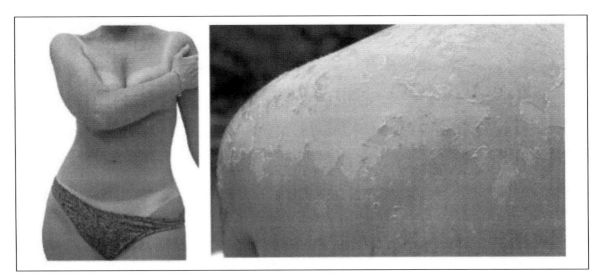

Abbildung 21: Sonnenbrand als Folge einer UV-Überdosierung

In Abhängigkeit von der vorausgegangenen UV-Dosis und der Zusammensetzung dieser UV-Strahlung (Anteile von UV-A und UV-B) kann der **Schweregrad des Sonnenbrandes** von einer leichten **Hautirritation** bis hin zu **schweren Verbrennungen** variieren. Insbesondere bei schwereren Verbrennungen ist eine medizinische Versorgung durch Konsultation eines Arztes zu empfehlen.

Praxishinweis:

Aus der UV-Empfindlichkeit der Reparaturprozesse lässt sich die Forderung nach einer Pause von 48 Stunden nach jeder UV-Bestrahlung ableiten. In dieser Zeit reparieren die selbst UV-empfindlichen Proteine die durch die Energie der Strahlung angerichteten Schäden. Entfällt die Pause, so kommt es zu einer drastischen Steigerung der Schäden. (siehe auch photobiologische Wirkungskette)

Bei der Verbrennung der Haut unterscheidet man drei Stufen (Verbrennung 1, 2 und 3 Grades). Das Unterscheidungskriterium ist dabei die Tiefe der Schädigung. Wird „nur" die Epidermis geschädigt, spricht man von Verbrennungen 1. Grades. Wird auch die Dermis geschädigt, bezeichnet man die Verbrennung als Verbrennung 2. Grades, und geht die Verbrennung bis in tiefere Hautschichten (Unterhaut), so spricht man von Verbrennungen 3. Grades.

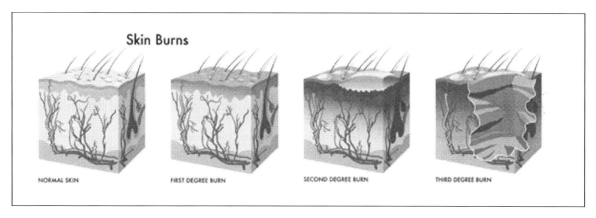

Abbildung 22: Verbrennungen 1. 2. und 3. Grades.

Die größte Erythemwirksamkeit entfaltet UV-B Strahlung mit einer Wellenlänge von 297 nm. Die Erythemwirksamkeit von UV-A Strahlung ist um etwa vier Größenordnungen geringer und tritt nur nach sehr hohen Dosen auf.

Um einen Sonnenbrand zu bekommen, muss die sog. **Erythemschwellendosis** gerade überschritten werden. Die Erythemschwellendosis (=**Sonnenbrandschwellendosis**) als Maß für die Erythemempfindlichkeit definiert die Dosis der UV-Strahlung, die 24 Stunden nach Exposition in Bezug auf die nicht bestrahlte Haut eine sich gerade abhebende Rötung hervorruft. Wird der Organismus einer UV-Strahlung ausgesetzt (Urlaub oder Solarium), so adaptiert die Haut mit den Eigenschutzmechanismen an die Strahlung und die Erythemempfindlichkeit nimmt ab.

Die Erythemempfindlichkeit der menschlichen Haut ist entsprechend **keine feste Größe** und nicht nur an unterschiedlichen Körperregionen unterschiedlich, sondern verändert sich auch an den einzelnen Körperregionen in Abhängigkeit von der Jahreszeit, der bisher erhaltenen Strahlungsmenge (entwöhnte, nicht vorbestrahlte oder strahlungsgewöhnte Haut), Alter, Gesundheitszustand und individuellem Hauttyp. Um trotz dieser zahlreichen Variablen eine ausreichend genaue Aussage zur Erythemempfindlichkeit treffen zu können, ist für die Hauttypen I bis IV die Einschätzung des Hauttyps durch einen vorgegebenen Kriterienkatalog nötig. Ist, aus welchem Grund auch immer – eine exakte

Bestimmung der UV-Empfindlichkeit erforderlich, so muss eine kurze **Testbestrahlung** durchgeführt werden.

Praxishinweis:

Die jeweils zehnte Stufe der Bestrahlung in einem Dosierungsplan liegt immer knapp unter der Erythemschwellendosis. Beim Hauttypen III z.B. bei 19 min (ESD = ca. 20 min). Wenn der Nutzer sich an den Dosierungsplan und die Empfehlungen des Fachpersonals hält, ist die Entstehung eines Sonnenbrandes damit de facto nicht mehr möglich.

---

4.   Photoallergische und phototoxische Reaktionen, Polymorphe Lichtdermatose

Bestimmte Substanzen wie z.B. einige Antibiotika (Tetrazykline) oder auch Kosmetika (Duftstoffe) können die Reaktion der Haut auf UV-Strahlung drastisch sensibilisieren. Dadurch entstehen sog. **photoallergische Reaktionen**, mit anderen Worten allergische Reaktionen auf Licht/Strahlung, die bereits bei geringen Dosen von UV-Strahlung (unterhalb der MED) oder in Extremfällen auch durch sichtbares Licht ausgelöst werden. Einmal erworben bleiben derartige Photoallergien in der Regel ein Leben lang bestehen. Symptome einer photoallerischen Reaktion sind unter anderem Rötungen,

Schwellungen, Nässen oder Blasenbildung in den exponierten Bereichen der Haut. Eine Liste bekannter, photosensibilisierender Substanzen ist in der UV-Fibel oder im Internet zu finden und sollte in jedem Sonnenstudio vorzufinden sein, um sicher zu stellen, dass die Nutzer von Solarien nicht unter dem Einfluss photosensibilisierender (phototoxischer) Substanzen stehen. Eine Auswahl entsprechender Substanzen ist in der Abbildung 23 zu finden.

Der Wirkungsmechanismus der photosensibilisierenden Substanzen liegt in einem „Wanderungseffekt" der durch die Substanz aufgenommenen Energie. Die Absorption von UV-Strahlung beruht in der Regel auf einem sog. Resonanzeffekt. Bei Resonanzeffekten handelt es sich um eine Übereinstimmung der Frequenzen zwischen auftreffender Welle (hier z.B. die UV-Strahlung) und den „Eigenschwingungen" der aufnehmenden Struktur. Strukturen und Moleküle, die in der Lage sind, UV-Strahlung zu absorbieren, „schwingen" mit der gleichen Wellenlänge wie die UV-Strahlung.

Abbildung 23: Johanneskraut und Herkulesstaude als Beispiel für photoallergische und phototoxische Substanzen

Mit dem Auftreffen der UV-Strahlen wird das Molekül in einen sog. „angeregten Zustand" versetzt und speichert so gewissermaßen die Energie der auftreffenden Strahlung. Dadurch können diese Moleküle jetzt Reaktionen durchführen, die sie normalerweise (im Grundzustand) nicht durchführen könnten. Normalerweise ist ein Molekül bestrebt, schnell in den Grundzustand zurück zu kehren. Dazu muss die aufgenommene Energie wieder abgegeben werden, was im Regelfall durch Strahlungsemission (Fluoreszenz) erfolgt (das Molekül gibt die Energie in Form von Strahlung/Fluoreszenz ab) oder in Form von Stößen, die auf benachbarte Moleküle übertragen werden. In besonderen Fällen, bei sogenannten „photosensibilisierenden Reaktionen", kann der angeregte Zustand auch „wandern" und auf andere Moleküle übertragen werden. Eine photosensibilisierende Substanz nimmt dazu die Energie der UV-Strahlung auf und überträgt den angeregten Zustand auf ein anderes Molekül, also z.B. die DNA (sieh unten). Durch die Einlagerung (Interkalation) von z.B. Psoralen in die DNA kann das Absorptionsspektrum der DNA im z.B. UV-A Bereich extrem gesteigert werden.Von den photoallergischen Reaktionen auf optische Strahlung lassen sich die **phototoxischen Reaktionen** auf optische Strahlung abgrenzen, da diese Reaktionen, im Gegensatz zu den photoallergischen Reaktionen, nur dann auftreten, **wenn die photosensibilisierende Substanz noch im Organismus vorhanden** ist und zu keiner bleibenden Erhöhung der UV-Empfindlichkeit führen. Die sensibilisierende Wirkung der phototoxischen Substanzen hängt ab vom Hauttyp und manifestiert sich in einer Zunahme der Wirksamkeit der UV-Strahlung im gesamten Spektralbereich mit Schwerpunkt im UV-A Strahlenspektrum. Unter dem Einfluss phototoxischer Substanzen können somit durch UV-A Strahlung Effekte erzielt werden (Sonnenbrand, indirekte Pigmentierung), die sonst nur durch UV-B erreicht werden.

Praxishinweis:

Bedingt durch die Tatsache, dass der Nutzer unter Umständen photosensibilisierende Substanzen eingenommen hat, lassen sich zwei Handlungsempfehlungen für das Fachpersonal ableiten: 1. Das Fachpersonal kann nur im Rahmen des Beratungsgespräches die Information erlangen, dass der Nutzer photosensibilisierende Substanzen nimmt. Deshalb auf dem Beratungsgespräch bestehen. 2. Nach dem Beratungsgespräch erfolgt zwingend eine Testbestrahlung mit 100 Joule (nicht immer 5:30 min sondern nur bei Bestrahlungsgeräten, die genau 0,3 Watt pro Quadratmeter erythemwirksame Stärke haben.). Diese Bestrahlung ist stark genug, um einen Effekt auszulösen, aber nicht stark genug, um einen ernsthaften schaden anzurichten.

Stoffgruppe	Wirkstoffe
Diuretika	Hydrochlorothiazid, Furosemid, Bendroflumathiazid, Amilorid, amid*
nicht-steroidale	Naproxen, Ketoprofen, Tiaprofensäure, Piroxicam, Diclofenac, Ibuprofen
antimikrobielle	Sulfamethoxazol/Trimethoprim, Sulfasalazin, Ciprofloxacin, in, Oxytetracyclin, Tetracyclin, Doxycyclin, Minocyclin, Isoniazid,
Mittel gegen Malaria	Chloroquin, Chinin, Pyrimethamin, Mefloquin, Hydroxychloroquin
Antipsychotika	Chlorpromazin, Thioridazin, Chlorprothixen, Promethazin*, Perazin,
Antidepressiva	Amitriptylin, Trimipramin, Nortriptylin, Desipramin, Imipramin,
kardiovaskulär	Amiodaron, Nifedipin, Chinidin, Captopril, Enalapril, Fosinopril, n
Antiepileptika	Carbamazepin, Lamotrigin, Phenobarbital, Phenytoin, Topiramat,
Antihistaminika	Cyproheptadin, Diphenhydramin, Loratadin
zytotoxische	Fluorouracil, Vinblastin, Dacarbazin, Procarbacin, Methotrexat,
Hormone	Corticosteroide, Estrogene, Progesterone, Spironolacton
systemische	Isotretinoin, Methoxalen, 5-Methoxypsoralen, 8-Methoxypsoralen
ätherische Öle	Bergamott-, Lavendel-, Limonen-, Sandelholz-, Zeder-, Zitronenöl
Duftstoffe	Moschus
Quelle: In Anlehnung an S. Schauder, verändert, Ohne Anspruch auf Vollständigkeit.	

Abbildung 24: Auswahl der derzeit ca. 300 bekannten photosensibilisierenden Substanzen

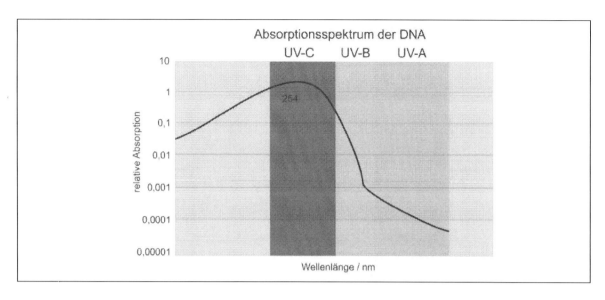

Abbildung 25: Absorptionsspektrum der DNA

2.2.2.7   Chronische Wirkungen

Zu hohe Dosen von UV-Bestrahlungen (Anzahl oder Dosis) durch natürliche oder künstliche UV-Strahlung können auch unterhalb der Schwellendosen akuter Schadwirkungen zu irreversiblen und dauerhaften Veränderungen der Haut führen. Die **chronischen Hautschäden** lassen sich in zwei Gruppen einteilen, die Gruppe der **vorzeitigen Hautalterung**, die „lediglich" von kosmetischer Bedeutung ist, und die Gruppe der **Hautkrebserkrankungen**.

1.   Vorzeitige Hautalterung
Die vorzeitige Hautalterung in Folge von UV-Bestrahlung unterscheidet sich deutlich von der „normalen" sog. chronologischen Hautalterung. Durch UV-Strahlung gealterte Haut ist trocken, tief gefaltet, unelastisch, ledrig und oft mit ungewöhnlichen Pigmentflecken durchzogen (Sonnenbrandflecken).

Eine **vorzeitige Hautalterung** ist im Wesentlichen auf die **UV-A Strahlung** zurückzuführen, da diese tiefer in die Haut eindringt und in der Lederhaut die Kollagenfasern, die für die Elastizität der Haut verantwortlich sind, erreicht. Als Folge der andauernden UV-Belastung mit Schädigung der **Kollagenfasern verklumpen** diese, was zu einer Verminderung der Wasserbindungsfähigkeit führt, oder die Fasern reißen, was zu einer **Verminderung der Elastizität** der Fasern und damit der Haut führt.

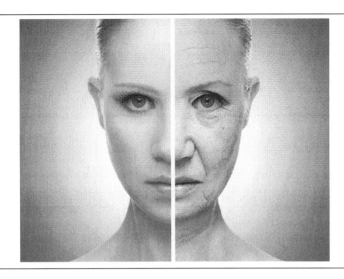

Abbildung 26: Vorzeitige Hautalterung durch UV-Strahlung

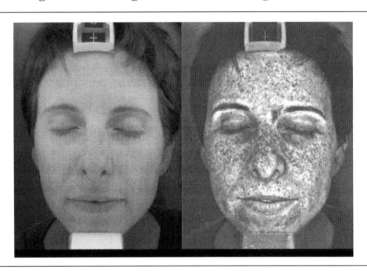

Abbildung 27: UV-Scan einer 35 jährigen Frau, die ein Melanom überlebte. Die dunklen Punkte zeigen Schädigungen der Haut. Foto: http://www.geeky-gadgets.com/wp-content/uploads/2012/04/UofCCancerCenter_610x406.png

2.   Hautkrebserkrankungen

Die Entstehung von Hautkrebs ist die dramatischte Form einer chronischen Schädigung der Haut durch z.B. UV-Strahlung.

Entsprechend wurde das gesamte UV-Spektrum von der WHO in die Risikostufe I eingestuft (= krebserregend beim Menschen). Mit anderen Worten bezieht sich die Einstufung der krebserregende Wirkung der UV-Strahlung durch die WHO nicht nur auf die Teilbereiche der UV-Strahlung (UV-A UV-B, UV-C) sondern auch auf die solare Exposition und die Solariennutzung. Grundsätzlich ist dazu festzustellen, dass es natürlich auch zahlreiche Krebsarten der Haut gibt, die nachweislich nicht mit UV-Strahlung in Verbindung gebracht werden können und andere, z.B. virale Auslöser haben. Im Kontext dieser Schulung liegt der Fokus jedoch auf den Hautkrebsarten, deren Genese in einem – teilweise noch unerforschten – Zusammenhang mit übermäßiger UV-Strahlung stehen.

Dabei ist es unerheblich, welcher Quelle die UV-Strahlung entstammt, ob es sich also um natürliche UV-Strahlung handelt oder um UV-Strahlung aus einem Solarium.

Der Ablauf der Tumorentstehung, die sog. Karzinogenese, ist für die meisten Tumorarten bisher noch nicht geklärt, allerdings existiert ein einfaches Schema, mit dem sich die Karzinogenese allgemein erklären lässt. Dabei handelt es sich um einen dreistufigen Ablauf aus **Tumorinduktion**, **Promotion** und **Progression** (Metastasierung). Im ersten Schritt, der sog. Induktion, die beispielsweise durch UV-Strahlung erfolgen könnte, verändert eine Zelle ihr verhalten und erlangt die Fähigkeit zu ungebremsten Wachstum (ungeregelte Proliferation). In Abhängigkeit von der Zeit und der Teilungsgeschwindigkeit der Zellen sowie zahlreicher zusätzlicher Faktoren entwickelt sich aus dieser Zelle im zweiten Schritt, der Promotion, eine mehr oder weniger große Ansammlung von transformierten (= entarteten) Zellen, die zunächst noch lokal begrenzt auftreten. In diesem Stadium handelt es sich um eine Vorstufe der Krebsentstehung, die bei rechtzeitiger Diagnose im Regelfall mit guten bis sehr guten Heilungschancen verbunden ist. Ob sich aus den transformierten Zellen im letzten Schritt, der sog. Progression, ein bösartiger (maligner) Tumor entwickelt, hängt von zahlreichen Faktoren ab und ist keineswegs sicher, da der Organismus über zahlreiche Mechanismen zur Abwehr der Karzinogenese verfügt. Insbesondere das Immunsystem spielt dabei eine zentrale Rolle. Nicht jede Tumorzelle führt zwangsläufig zum Krebs, sondern im Regelfall werden transformierte Zellen identifiziert und eliminiert. Nur wenn dies nicht gelingt, kann sich aus den transformierten Zellen ein bösartiger Tumor entwickeln, dessen Tochterzellen über das Blutgefäßsystem und die Lymphflüssigkeit im gesamten Organismus verteilt werden. Allerdings sind nicht alle Tumorarten in der Lage, Metastasen zu bilden, und auch der Zeitraum von der Induktion bis zur Progression, die sog. Latenzzeit, ist bei unterschiedlichen Tumorarten unterschiedlich und erstreckt sich von wenigen Jahren bis zu mehreren Jahrzehnten.

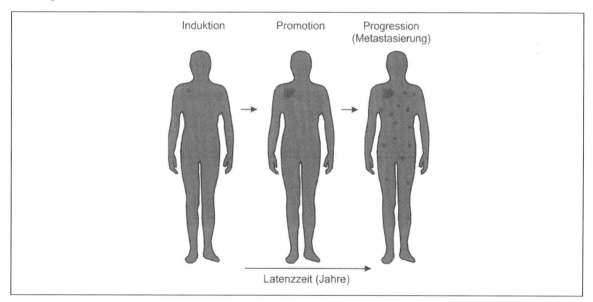

Abbildung 28: Modellvorstellung der Karzinogenese.

Die Wahrscheinlichkeit an Krebs zu erkranken hängt wesentlich vom Lebensalter ab. Je älter ein Mensch ist, desto größer ist die Wahrscheinlichkeit, dass er an einem Krebsleiden erkrankt. Durch den zu verzeichnenden Anstieg der Lebenserwartung ist prinzipiell festzustellen, dass auch die Wahrscheinlichkeit an Krebs zu erkranken ansteigt. Daraus folgt, dass die Anzahl der zu erwartenden Krebsfälle ansteigt mit dem Anteil der älteren Menschen an der Gesamtbevölkerung.

Hautkrebs stellt die weltweit häufigste Krebsart dar, was zum einen in der **Größe der Haut** als größtes Organ des Menschen und der damit verbundenen größten **Anzahl von Zellen** in der Haut und der **stetig steigenden Lebenserwartung** der Menschen verbunden ist (siehe oben) und zum Anderen – in Bezug auf die UV-induzierten Hautkrebsarten – mit dem **Freizeitverhalten** und den **Schönheitsidealen** der Menschen und wiederum der steigenden Lebenserwartung zu tun hat.

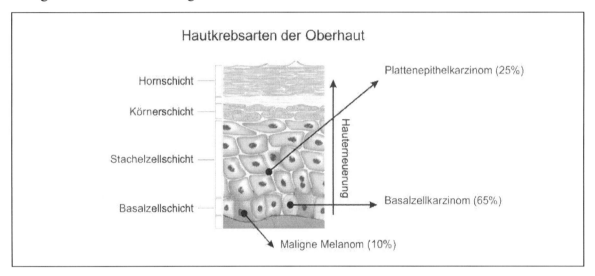

Abbildung 29: Ursprung und Bezeichnung verschiedener Hautkrebsarten

Neueren Daten zufolge ist die Hautkrebsrate um 75 % bei Solariennutzern, die Solarien im Alter unter 30 Jahren genutzt haben, gestiegen gegenüber Nichtnutzern. Zusätzlich findet man ein gehäuftes Auftreten von Nicht-Melanomhautkrebsen bei Solariennutzerinnen im Alter unter 40 Jahren, die normalerweise erst bei Personen im Alter über 50 Jahren beobachtet werden. UV-Strahlung wirkt auch als Co-Faktor bei einigen viralen oder anderen Krebsauslösern (Mutagene).

In Deutschland erkranken jedes Jahr über 264.000 Menschen an den unterschiedlichen Hautkrebsarten. Ungefähr **3.000 Krankheitsverläufe enden tödlich.**

Die unterschiedlichen Typen der Hautkrebserkrankungen werden nach der **Pigmentierung der Ursprungszellen** unterteilt in pigmentierte (schwarzer Hautkrebs) und nichtpigmentierte (weißer Hautkrebs) Tumore. Zu den **nicht pigmentierten Tumoren**, die aus Hautzellen entstehen, die keine Melanozyten sind, gehören das Plattenepithelkarzinom und das Basalzellkarzinom, die ungefähr 90 % der Erkrankungen ausmachen. Die Bezeichnungen verraten dabei, welchen Ursprung die Krebszellen haben. Dieser Gruppe der Hautkrebsarten werden die **pigmentierten Tumore** gegenüber gestellt. In diese Gruppe gehört das maligne Melanom, das sich aus den Melanozyten bildet und ca. 10 % der Hautkrebserkrankungen stellt.

a)   Nicht pigmentierte Hautkrebsarten

In diese Gruppe der sog. nichtmelanozytären Hautkrebse gehören das **Basalzellkarzinom**, das aus Zellen der Basalschicht entsteht, und das **Stachelzellkarzinom** (Plattenepithelkarzinom), das aus den Stachelzellen entsteht.

Das Basalzellkarzinom ist eine **typische Erkrankung des älteren Mannes**. Inzwischen sind aber auch Frauen und jüngere Menschen betroffen. Die **typische Lokalisation** dieses Tumors sind die Bereiche der Haut mit chronischer UV-Schädigung (Gesicht, Ohren, Kopfhaut). Daraus ist zu schließen, dass diese Tumoren hauptsächlich durch den UV-Anteil des Sonnenspektrums (oder künstlicher UV-Strahler wie beispielsweise Solarien) verursacht werden können, wobei das Risiko mit der lebenslang insgesamt erhaltenen UV-Gesamtdosis steigt **(vergl. Kapitel 2.2.2.4 Dosis-Wirkungs-Beziehung)**. Die regelmäßige Nutzung von Solarien erhöht entsprechend das Risiko, diese Hautkrebsart auszubilden. Das Basalzellkarzinom wächst langsam und infiltriert und zerstört das Gewebe „vor Ort" ohne Metastasen zu bilden. Aus diesem Grund wird das Basaliom als „halb-bösartig" eingestuft, da es durch die fehlende Absiedlung in andere Organe operativ vergleichsweise einfach entfernt werden kann.

Auch das **Plattenepithelkarzinom** ist eine Erkrankung älterer Menschen, was auf die **langjährige Sonnenbelastung** zurückgeführt wird. Es tritt wie das Basalzellkarzinom bevorzugt im Gesicht an den sog. **„Sonnenterrassen"** auf (Ohrmuscheln, Augenunterlider, Nasenrücken und Unterlippe). Das Plattenepithelkarzinom wächst invasiv (in das Gewebe hinein) und kann ab einer gewissen Eindringtiefe im Gegensatz zum Basalzellkarzinom eine Absiedelung in die nahe gelegenen Lymphknoten erfolgen (**Metastasierung**). Früh erkannt ist diese Hautkrebsart jedoch in den meisten Fällen nach einer relativ einfachen Operation geheilt. Für das Auftreten des Tumors besteht ebenfalls eine **Dosis-Wirkungs-Beziehung** bezüglich der UV-Exposition **(vergl. Kapitel 2.2.2.4 Dosis-Wirkungs-Beziehung)**.

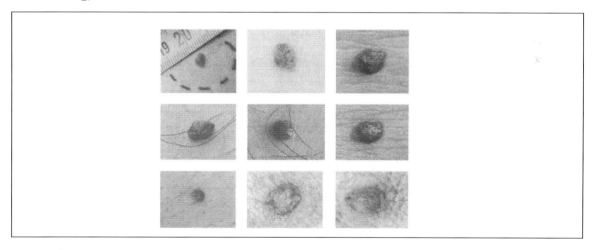

Abbildung 30: Beispiele für harmlose und gefährliche Veränderungen der Haut

b) Malignes Melanom

Das maligne Melanom, der **schwarze Hautkrebs**, entsteht aus den Pigmentzellen der Haut, den Melanozyten. Deshalb ist die Farbe dieses Tumors meist schwarz, in seltenen Ausnahmefällen treten jedoch auch schwer identifizierbare, helle Tumore auf. Er tritt häufig an bedeckten Körperstellen auf (Rumpf und Extremitäten), so dass eine Beziehung zur UV-Bestrahlung zunächst nicht offensichtlich ist, aber inzwischen bewiesen ist.

Besondere Risikofaktoren sind insbesondere Sonnenbrände in der Kindheit und die Solariennutzung.

Der genaue Mechanismus der Entstehung des schwarzen Melanoms ist noch nicht geklärt, hängt jedoch neben der UV-Strahlung auch von anderen Faktoren (**Dispositionen**) ab. Weitere typische Lokalisationen sind: Gesicht (vor allem bei älteren Menschen), Nägel, Fußsohlen, Schleimhäute, Auge. Männer und Frauen sind annähernd gleichermaßen betroffen, wobei der schwarze Hautkrebs auch bereits in jungen Jahren (ab 16 Jahren) auftreten kann. Typisch sind jedoch Erkrankungen ab ca. dem 40sten Lebensjahr. Anders als beim Basaliom oder eingeschränkt beim Spinaliom ist das maligne Melanom in der Lage, Metastasen zu bilden. Die Gefährlichkeit des schwarzen Hautkrebses nimmt mit der Tumorgröße zu. Bei dünnen Melanomen unter 1 mm Tumordicke ist die Gefahr einer Metastasierung im weiteren Verlauf gering. Bei dicken Melanomen über 4 mm ist dagegen ein höheres Risiko vorhanden. Heutzutage werden die meisten Melanome früh erkannt und dadurch mit einer geringen Tumordicke entfernt. Ca. 85% aller Patienten mit schwarzem Hautkrebs sind nach der ersten Operation geheilt.

Praxishinweis:

Im Beratungsgespräch nicht nur nach der Anzahl der Leberflecke fragen, sondern auch nach „atypischen Leberflecken", gehäuften Leberflecken etc.

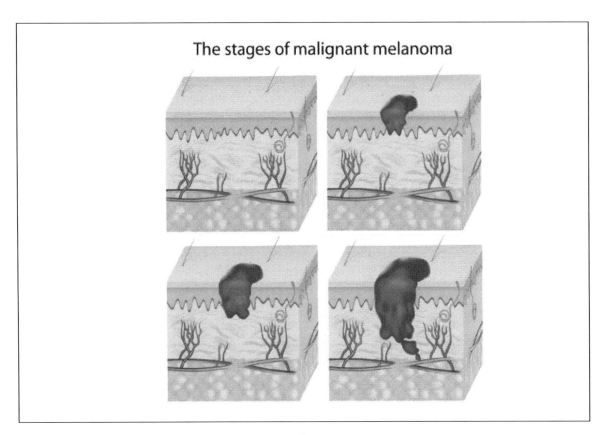

Abbildung 31: Entstehung des malignen Melanoms

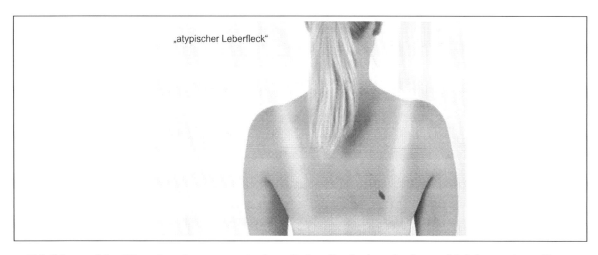

Abbildung 32: Ein einzelner, atypischer Leberfleck (verdacht auf Melanom) stellt ein Ausschlusskriterium dar.

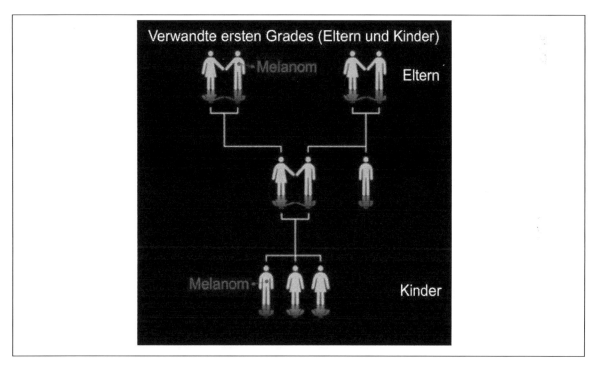

Abbildung 33: Treten maligne Melanome bei Verwandten ersten Grades auf, liegt ein Ausschlusskriterium vor (vererbbar).

3.   Immunsuppression durch UV-Strahlung

Bereits vor über 100 Jahren entdeckte der Nobelpreisträger Niels Finsen, dass sich die Narbenbildung nach einer Windpockeninfektion und der Verlauf einer Lungentuberkulose durch UV-Strahlung signifikant verschlechterte. Dies ist eine Folge der sog. immunsuppressiven (=immununterdrückenden) Effekte der UV-Strahlung. In den 1980er-Jahren wurde schließlich nachgewiesen, dass UVB-Strahlung sowohl die lokale als auch die systemische Immunantwort nachhaltig stört. Demnach kommt der UV-Strahlung eine Doppelrolle zu: Erstens die **Induktion der Karzinogenese durch DNA-Schädigung** und zweitens die **Unterdrückung der immunologischen Tumorabwehr**. Dies bedeutete, dass UV-Strahlung nicht nur normale Zellen in Krebszellen verwandeln kann, sondern dass die entarteten Zellen nun auch nicht mehr durch das UV-geschwächte Immunsystem eliminiert werden können.

Doch nicht nur die Entwicklung von Hautkrebs wird durch UV-Strahlung gefördert. Auch die Abwehr von Erregern wie Viren, Bakterien, Parasiten und Pilzen ist deutlich herabgesetzt. Darin begründet sich z.B. der häufige Ausbruch von Herpes simplex Infektionen nach längeren Sonnenbädern im Urlaub. Auch parasitäre Erkrankungen wie Leishmaniose, Bilharziose oder Malaria verlaufen schwerer und länger nach UV-Exposition. Gleiches gilt für bakterielle (Tuberkulose, Borreliose) und mykologische Erkrankungen.

Abschließend ist festzuhalten, dass auch Patienten, die Organtransplantationen hinter sich haben und – um Gewebeabstoßungsreaktionen zu verhindern – in der Immunabwehr unterdrückt werden, ein bis zu 250fach erhöhtes Risiko für Plattenepithelkarzinome an belichteten Körperstellen aufweisen. Aber auch Patienten unter immunsuppressiver Therapie wegen Autoimmunkrankheiten weisen ein erhöhtes Risiko auf. Entsprechend sollten Personen, die an den genannten Krankheiten leiden bzw. Organtransplantationen hinter sich haben, auf die Nutzung von Solarien zu kosmetischen Zwecken verzichten. Im Zweifelsfall ist der behandelnde Arzt zu fragen.

Praxishinweis:

Insbesondere im Winter suchen zahlreiche Nutzer Sonnenstudios auf, um bei bestehenden Infektionskrankheiten (Erkältung, Grippe) mit den UV-Bestrahlungsgeräten ihr Befinden zu verbessern. In diesen Fällen ist das Immunsystem krankheitsbedingt geschwächt und es liegt ein Ausschlusskriterium vor!

2.2.2.8   Zusammenfassung und Merksätze

Grob eingeteilt besteht die Haut aus drei unterschiedlichen Schichten (Oberhaut, Lederhaut und Unterhaut) und übernimmt als Trennschicht Schutz- und Regulationsfunktionen. Über einen Zeitraum von 2-4 Wochen regeneriert sich die Haut indem Zellen aus der Basalzellschicht neu gebildet werden und dann durch die hautschichten nach Oben zu wandern und dann als einzelne Hautzelle abgegeben zu werden.

Die sehr dünne Oberhaut ist der stärksten UV-Strahlung ausgesetzt und in ihr laufen deshalb die Schutzmechanismen gegen UV-Strahlung ab. Als natürliche Schutzmechanismen stehen dem Organismus die Lichtschwiele und die Pigmentierung zur Verfügung. Bei der Lichtschwiele entsteht unter UVB-Bestrahlung eine dicke Hornschicht aus toten Zellen, die einen Teil der UV-Strahlung absorbieren. Durch die Pigmentierung der Haut – man unterscheidet eine direkte und eine indirekte Pigmentierung – wird der braune Farbstoff Melanin gebildet, der die Energie der UV-Strahlung absorbieren kann und in einer ultraschnellen Reaktion in harmlose Wärme umwandelt. In der

Basalzellschicht befinden sich die sog. Melanozytenzellen, die unter UV-Strahlung in der Lage sind, den braunen Farbstoff, das Melanin zu bilden.

Bei der direkten Pigmentierung wird durch UVA-Strahlung bereits in einer farblosen Vorstufe vorliegendes Melanin sehr schnell oxidiert und in die braune Melaninform umgewandelt. Diese Form des Melanins ist nicht besonders stabil, so dass nach spätestens 24 Stunden die erzielte Bräunung der Haut wieder verloren geht. Bei der indirekten Pigmentierung, der sog. Melanogenese, wird unter UVB-Bestrahlung in einem langsamen Stoffwechselprozess neues Melanin gebildet. Diese Form der Pigmentierung tritt deutlich später auf und hält deutlich länger an. Der molekularbiologische Auslöser der Pigmentierung ist eine Schädigung und Reparatur der DNA und der Zellmembran. Durch einen voll ausgebildeten UV-Eigenschutz kann ein Lichtschutzfaktor vor Sonnenbrand von bis zu 40fach aufgebaut werden. Ein effektiver Schutz der Haut vor Schädigungen der DNA wird nicht bzw. nur bis zu dem 2-4fachen erreicht.

Eine Überdosierung von UV-Strahlen führt zu akuten oder chronischen Schäden an der Haut. Zu den akuten Schäden gehören neben dem Sonnenbrand auch die photoallergischen und phototoxischen Reaktionen, zu den chronischen Schäden gehören die vorzeitige Hautalterung und der Hautkrebs.

Bei Verbrennungen wie dem Sonnenbrand, der in Folge einer Überdosierung von UV-Strahlen erfolgt, unterscheidet man nach der Anzahl der betroffenen Hautschichten nach Verbrennungen 1. 2. und 3. Grades. In Folge der Reparaturprozesse nach der Schädigung wird die Haut stärker mit warmem Blut aus dem Körperinneren durchblutet, was zu den klassischen Symptomen Hautrötung und höhere Hauttemperatur führt.

Nach der Verwendung von sog. photosensibilisierenden Stoffen (Arzneimittel, Kosmetika, Bräunungsbeschleuniger) kann es zu photoallergischen oder phototoxischen Reaktionen in Folge von UV-Bestrahlung kommen. Bei den photoallergischen Reaktionen entsteht ein echtes Antigen, was in der Konsequenz dazu führt, dass der Nutzer eine Allergie gegen UV-Strahlung entwickelt, die ggf. dauerhaft anhält.

Bei der Einnahme von z.B. einigen Arzneimitteln kann es zu einer phototoxischen Reaktion kommen, die im Regelfall dosisabhängig und deutlich stärker ist als eine photoallergische Reaktion, jedoch nur vorübergehend anhält.

Neben den akuten Reaktionen als Folge einer zu starken Bestrahlung kann es – auch bei Dosierungen deutlich unter der Akutdosis für Sonnenbrand – zu chronischen Schäden an der Haut kommen. Dazu gehören die vorzeitige Hautalterung, bei der die Kollagenfasern der Lederhaut geschädigt werden, und der UV-abhängige Hautkrebs. 90 % der neu entstehenden Hautkrebse stammen aus der Oberhaut und gehören in die drei Gruppen des Basalioms, des Spinalioms und des malignen Melanoms, von denen das Melanom wegen der Fähigkeit der Bildung von Metastasen, am gefährlichsten zu bewerten ist.

2.2.2.9   Lernzielkontrollfragen

1. Welche Funktionen übernimmt die menschliche Haut?
o Mechanischer Schutz, chemischer Schutz, Kommunikationsorgan und Temperaturregulation (Wärmeabgabe).
o Mechanischer Schutz, chemischer Schutz, physikalischer Schutz, Kommunikationsorgan und Temperaturregulation (Wärmeabgabe).
o Mechanischer Schutz, chemischer Schutz, physikalischer Schutz.

2. Benennen Sie die drei Schichten der Haut von Außen nach Innen.
o Unterhaut, Lederhaut, Oberhaut.
o Lederhaut, Unterhaut, Oberhaut.
o Oberhaut, Lederhaut, Unterhaut.

3. Wie tief dringt die UV-Strahlung (UVA) in die menschliche Haut ein?
o Bei normal dicker Haut bis in die Mitte der Lederhaut.
o Bei normal dicker Haut bis in die Mitte der Oberhaut.
o Bei normal dicker Haut bis in die Mitte der Unterhaut.

4. Ein gesunder Mensch verfügt über körpereigene Schutzmechanismen gegen die Wirkung der UV-Strahlung. Welche sind das?
o Glanzschicht, Pigmentierung
o Hornschicht, Lichtschwiele
o Lichtschwiele, Pigmentierung

5. Welche der nachfolgenden Wirkungen der UV-Strahlung gehören zu den akuten Wirkungen der UV-Strahlung, die die Haut betreffen.
o Sonnenbrand, Bindehautentzündung, Hornhautentzündung
o Photoallergische Reaktionen, phototoxische Reaktionen, Sonnenbrand
o Sonnenbrand, vorzeitige Hautalterung, Hautkrebs.

6. Welches sind die möglichen chronischen Wirkungen, die die Haut in Folge von UV-Strahlung betreffen?
o Vorzeitige Hautalterung, Hautkrebs.
o Vorzeitige Hautalterung, Hyperpigmentierung
o Lichtschwiele, Hautkrebs.

7. Was versteht man unter der sog. direkten Pigmentierung?
o Die Dunkelung und Umverteilung von bereits vorhandenem Melanin durch UVA-Strahlung.
o Die Dunkelung und Umverteilung von bereits vorhandenem Melanin durch UVB-Strahlung.
o Die Neubildung und Umverteilung von Melanin aus der Aminosäure Tyrosin.

8. Welche Formen von Hautkrebs der Oberhaut sind Ihnen bekannt?
o Melanin, Spinaliom, Basaliom.
o Spinaliom, Basaliom, Karzinom.
o Melanom, Spinaliom, Basaliom.

9. Warum bietet die direkte Pigmentierung keinen ausreichenden Schutz der DNA vor UV-Strahlen?
o Sie hält nur kurz an und schütz tiefer liegendes Gewebe nur minimal.
o Die direkte Pigmentierung setzt erst nach der UV-Bestrahlung ein, wenn der Schaden schon entstanden ist.
o Die direkte Pigmentierng hält nur kurz an und führt dazu, dass der aufgebaute Schutz bei längeren Sonnenbädern nicht ausreichend lang anhält.

10. Was versteht man unter einem Summationsgift?
o Bei Summationsgiften summieren sich kleine Schäden sofort zu einem großen, meist tödlichen Schaden auf.
o Bei Summationsgiften treten die Schäden in verschiedenen Organen und Strukturen auf und summieren sich dabei schnell zu einem typischen Krankheitsbild.
o Bei Summationsgiften summieren sich kleine, unmerkliche Schäden im Laufe der Zeit und führen erst viel später zur Manifestation eines Schadens.

11. Wie funktioniert der Schutzmechanismus der Lichtschwiele?
o Die Lichtschwiele besteht aus stark pigmentierten, dunklen Zellen, die die UV-Strahlung absorbieren und so das tiefer liegende Gewebe absorbieren.
o Abgestorbene Zellen der Hornschicht bilden eine bis zu zweihundert Zellen dicke Schutzschicht, die UV-Strahlung (teilweise) absorbiert und so das tiefer liegende Gewebe schützt.
o Bei der Lichtschwiele bildet sich aus den hoch teilungsaktiven Zellen der Basalzellschicht eine lichtundurchlässige Schicht aus Melanozyten, die das Gewebe der Oberhaut vor der schädigenden Wirkung der UV-Strahlung schützt.

12. Was versteht man unter der indirekten Pigmentierung (Melanogenese)?
o Bei der indiekten Pigmentierung wird hauptsächlich durch UVB-Strahlung vorhandenes Melanin gedunkelt (Oxidiert) und in der Oberhaut gleichmäßig verteilt.
o Bei der indiekten Pigmentierung wird hauptsächlich durch UVB-Strahlung neues Melanin gebildet und in der Oberhaut gleichmäßig verteilt.
o Bei der indiekten Pigmentierung wird hauptsächlich durch UVA-Strahlung neues Melanin gebildet und in der Oberhaut gleichmäßig verteilt.

13. Durch UV-Strahlung erzielt man den kosmetisch gewünschten Bräunungseffekt der Haut. Wodurch wird die Bildung der braunen Farbe (Melanin) ausgelöst?

o   Nach einer Schädigung der Zellmembranen und der DNA der Melanozytenzellen wird Melanin als Schutz gebildet.

o   Die gesunde Bräune entsteht, wenn die UV-Strahlung die Melanozyten erreicht und dort vorhandenes Tyrosin in Melanin umwandelt.

o   Die gewünschte kosmetische Bräune der Haut entsteht, wenn die UV-Strahlung in den Stachelzellen der Stachelzellschicht aus der Aminosäure Tyrosin Melanin bildet.

14. Warum soll die erste Bestrahlung im Dosierungsplan ca. einhundert Joule pro Quadratmeter nicht überschreiten aber auch nicht unterschreiten?

o   Die erste Bestrahlung ist eine Testbestrahlung von ca. fünf Minuten und dreißig Sekunden, die auf jeder Sonnenbank genau gleich durchgeführt werden kann.

o   Die erste Bestrahlung ist eine Testbestrahlung, die gerade so stark sein soll, dass sie mögliche photosensible Reaktionen auslöst, aber nicht so stark, dass der Nutzer einen ernsten Schaden nehmen kann.

o   Die Testbestrahlung kann auch deutlich kleiner sein als einhundert Joule, da auch mit sehr geringen UV-Dosierungen mögliche photosensibilisierende Reaktionen ausgelöst werden können.

15. Der auf dem UV-Bestrahlungsgerät angebrachte Dosierungsplan zeigt eine erythemwirksame Bestrahlungsstärke des Gerätes von weniger als 0,3 Watt pro Quadratmeter (0,24) und eine Zeit für die Erstbestrahlung von 5:30 min. Was ist falsch?

o   Es ist nichts falsch. Die Erstbestrahlung ist immer ca. 5:30 min.

o   Nur bei Geräten, die genau eine erythemwirksame Bestrahlungsstärke von 0,3 Watt pro Quadratmeter abgeben, ist die Dauer der Erstbestrahlung ca. 5:30 min. Bei geringeren Bestrahlungsstärken ist die Dauer der Erstbestrahlung länger als 5:30 min.

o   Bei UV-Bestrahlungsgeräten mit geringeren Bestrahlungsstärken als 0,3 Watt pro Quadratmeter ist die Dauer der Erstbestrahlung zwingend kürzer als 5:30 min.

16. Welche akuten Wirkungen der UV-Strahlung auf das menschliche Auge sind Ihnen bekannt?

o   Bindehautentzündung und grauer Star.

o   Grauer Star und Hornhautentzündung.

o   Bindehautentzündung und Hornhautentzündung

17. Wozu dient die Filterscheibe im Gesichtsbereich des UV-Bestrahlungsgerätes?

o   Sie reduziert die Bestrahlungsstärke der Hochdruckbrenner auf maximal 0,3 Watt pro Quadratmeter und verhindert so akute Schäden an den Augen.

o   Sie filtert die Infrarotstrahlung der Hochdruckstrahler heraus und verhindert so thermische Verbrennungen an Gesicht und Augen.

o   Die Filterscheibe schützt den Nutzer nur vor der starken Wärme des bis zu 900 Grad Celsius heissen Brenners.

18. Warum sollte man beim Umgang mit und der Nutzung von UV-Strahlung zwingend eine UV-Schutzbrille tragen?

o   Weil die Schutzbrille den Nutzer vor der starken Infrarotstrahlung der Hochdruckbrenner im Gesichtsbereich schützt.

o   Das Tragen einer Schutzbrille ist grundsätzlich nicht nötig, wenn der Nutzer während der Bestrahlung die Augen schließt.

o   Die natürlichen Schutzmechanismen der Augen vor zu starkem, sichtbarem Licht funktioniert bei der deutlich energiereicheren UV-Strahlung nicht.

19. Welcher chronischer Schaden kann am Auge durch UV-Strahlung entstehen?

o   Bindehautentzündung.

o   Grauer Star.

o   Hornhautentzündung.

20. Wie schützt sich das menschliche Auge vor zu starkem, sichtbarem Licht?

o   Mit technischen Hilfsmitteln wie Sonnenbrillen oder Mützen (Beschattung).

o   Eng- oder Weitstellung der Pupille, blinzeln, Auge schließen oder Abwendungsbewegung.

o   Sichtbares Licht ist für das Auge ungefährlich. Es gibt keine Schutzmechanismen.

2.2.3   Wirkung auf das Auge

2.2.3.1   Das Auge

Von allen Sinnesorganen hat der Sehsinn für den Menschen als **Leitsinn** die größte Bedeutung. Durch das Auge wird das sichtbare Licht des elektromagnetischen Strahlenspektrums aufgenommen. Dadurch ist es dem Menschen möglich, Helligkeitsunterschiede und Farben wahrzunehmen. Zusätzlich kann durch das sog. **binokulare Sehen** – dem gleichzeitigen Sehen mit zwei Augen – im Gehirn ein dreidimensionales Bild unserer Umwelt erzeugt werden. Und das mit einer Geschwindigkeit von bis zu 15 Bildern pro Sekunde.

Das empfindliche Auge befindet sich gut geschützt im Schädelknochen des Gesichts, eingebettet in Fettgewebe in der Augenhöhle. Bewegt wird der Augapfel durch sechs äußere Augenmuskeln, die das Auge in alle Richtungen bewegen können und so eine präzise Beobachtung der Umwelt erlauben. Der Augapfel erhält seine Festigkeit und Form durch eine straffe, weiße Bindegewebshülle (Lederhaut), die das gesamte Auge umschließt und im vorderen Bereich als Hornhaut durchsichtig ist.

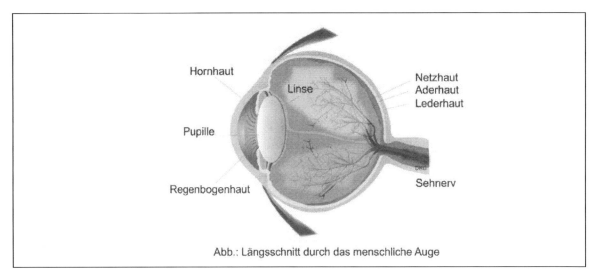

Abb.: Längsschnitt durch das menschliche Auge

Abbildung 34: Längsschnitt durch das menschliche Auge

Durch die Hornhaut dringt das Licht in das Innere des Auges ein. Die Menge des Lichtes, die in das Auge fällt, wird durch die Eng- und Weitstellung der Pupille reguliert. Sie stellt im Rahmen des **Blendreflexes** einen wichtigen Schutzmechanismus des Auges vor zu starker/heller Strahlung dar. Nach der Durchquerung der Vorkammer wird das Licht durch die Brechkraft der Linse **gebündelt** und zu einem scharfen Bild vereint, das durch den Glaskörper des Auges auf die Netzhaut projiziert und dort von den **Sehzellen** (Photorezeptoren) in **elektrische Impulse** umgewandelt wird. Die elektrischen Signale werden abschließend weiter zur Verarbeitung und Bilderzeugung an das Gehirn geschickt. Bei den Photorezeptoren unterscheidet man zwischen Stäbchen und Zapfen, wobei die Zapfen für die Farbwahrnehmung, und die Stäbchen für die Helligkeitsempfindung zuständig sind. Jedes Auge hat ungefähr 3 Millionen Zapfen und 180 Millionen Stäbchen. Da die Zapfen für die Farbwahrnehmung eine gewisse Lichtstärke benötigen, kann man in der Dämmerung lediglich mit den Stäbchen sehen, wodurch sich erklärt, „das in der Nacht alle Katzen grau sind", denn mit den Stäbchen lassen sich lediglich verschiedene Grautöne, schemenhafte Abbildungen und Bewegungseindrücke wahrnehmen. Da die Konzentration der Stäbchen zum Rand der Augen hin zunimmt, kann man in der Dunkelheit besser sehen, wenn man die Gegenstände nicht genau fixiert, sondern leicht an den Gegenständen vorbei schaut.
Das vom Auge aufgenommene Licht dient jedoch nicht nur dem erzeugen von Bildern, sondern spielt auch eine Rolle bei der **Tages- und Jahresrhythmik** des Menschen oder der **Bewusstseinshelligkeit** und dem Wachpegel.

Das wichtige und empfindliche Auge wird durch zahlreiche Schutzeinrichtungen vor Schäden geschützt. Die Augenbrauen bilden einen Schutzwall vor intensiver Sonneneinstrahlung, Fremdkörpern und aggressivem Körperschweiß. Die Augenlider mit den Wimpern schützen das Auge vor Fremdkörpern und Austrocknung. Zu starke Lichtreize (Blendwirkung) werden durch Schließen des Auges und Zusammenziehen der Iris abgewehrt, wobei zu berücksichtigen ist, dass dieser Schutzreflex nur bei sichtbarem Licht und nicht bei UV-Strahlung funktioniert. Ist trotz der Schutzmechanismen ein Fremdkörper oder Krankheitserreger auf die Hornhaut gelangt, so wird dieser durch die Tränenflüssigkeit, die sogar bakterizide Stoffe enthält, fortgespült.

2.2.3.2   Eindringtiefe der UV-Strahlung in das Auge

Elektromagnetische Strahlen, die an das Spektrum des sichtbaren Lichtes angrenzen, also UV-Strahlung und Infrarot Strahlung, können das menschliche Auge schädigen, da die Schutzmechanismen des Auges gegen **Blendwirkung** nicht auf die Wellenlänge dieser Strahlung reagieren. Um eine schädigende, biologische Wirkung auslösen zu können, müssen diese Strahlen in das Auge eindringen und dort absorbiert werden.

Fällt UV-Strahlung auf das menschliche Auge, so wird das kurzwellige UV-C mit einer Wellenlänge von 100 bis 280 nm an der Hornhaut vollständig absorbiert. Von der auftreffenden UV-B Strahlung mit einer Wellenlänge von 280 bis 315 nm werden an der Hornhaut ca. 45 % absorbiert, in der Augenvorkammer ca. 18 % und in der Linse ca. 36 %, so dass lediglich ein Anteil von 1 % den Glaskörper erreicht. Das längerwellige UV-A mit einer Wellenlänge von 315 bis 380 nm wird zu ca. 34 % an der Hornhaut absorbiert. 12 % werden in der Augenvorkammer und 52 % in der Linse absorbiert. Ein Rest von ca. 1-2 % durchdringt den Glaskörper und erreicht die Netzhaut.
Insbesondere vor dem Hintergrund der Bedeutung des Sehsinnes für den Menschen ist das Tragen einer Schutzbrille nach DIN EN 170 als Schutz des Auges und insbesondere der Linse gegenüber **Akutschäden** und zur Senkung der **kumulativen Dosis** immer zu tragen.

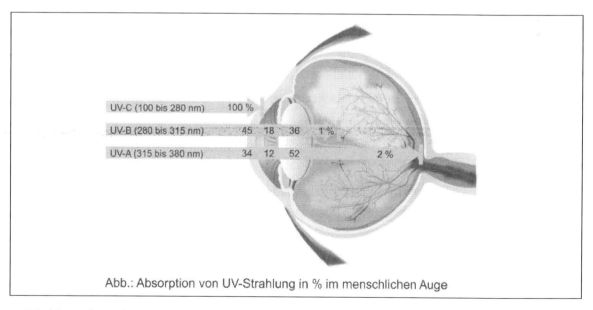

Abb.: Absorption von UV-Strahlung in % im menschlichen Auge

Abbildung 35: Absorption von UV-Strahlung im menschlichen Auge

2.2.3.3   Akute Wirkungen

Optische Strahlung hoher Intensität kann beim Menschen auf Haut und Augen einwirken und dort Schäden verursachen. Welche Wirkung dabei erzeugt wird, hängt von folgenden Faktoren ab:

1. Der Eindringtiefe der Strahlung (Wellenlänge).
2. Der Strahlungsintensität
3. Der Einwirkdauer und
4. Dem zeitlichen Ablauf der Einwirkung ab.

Wo welche Schädigungen auftreten, hängt im Wesentlichen von der **Eindringtiefe** der Strahlung ab. Direkte Schäden treten vor allem da auf, wo die Strahlung absorbiert wird. Indirekte Schäden – etwa durch Wärmeleitung – können auch in den Randbezirken der Absorption oder in angrenzenden Geweben auftreten.

UV-Strahlung hoher Intensität kann innerhalb von Minuten oder Stunden die vorderen Bereiche des Auges (Hornhaut, Bindehaut) schädigen. Durch photochemische Reaktionen in den Epithelzellen der Hornhaut und/oder der Bindehaut kommt es zu einer **Entzündung** (**Hornhautentzündung, Bindehautentzündung**). Im Volksmund wird diese Krankheit auch als „**Schneeblindheit**" oder „**Verblitzen**" bezeichnet. Dabei werden die äußeren Zellen der Hornhaut und Bindehaut zerstört, was sich ca. 6 bis 8 Stunden nach der UV-Exposition durch starke **Augenschmerzen** und das Gefühl, Sand im Auge zu haben, bemerkbar macht. Ein bis zwei Tage nach der Erkrankung tritt durch die Regeneration der Zellen eine vollständige Heilung ein.

Hohe Dosen sichtbaren Lichtes können, bedingt durch die Tatsache, dass diese Strahlung bis zur Netzhaut durchdringt, auch zu Verbrennungen (thermische Schädigung) der Netzhaut führen. Dazu sind allerdings sehr hohe Strahlungsdosen notwendig, wie z.B. ein direkter Blick in die Sonne (bei einer Sonnenfinsternis) oder der Blick in einen Laserstrahl. Strahlung dieser Intensität kann innerhalb von Millisekunden zu einer starken Erwärmung und Verbrennung der Netzhaut führen.

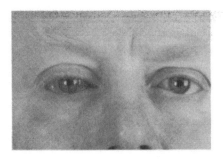   

Hornhaut-/Bindehautentzündung   UV-Schutzbrillen nach DIN EN 170

Abbildung 36: Bindehaut-/Hornhautentzündung und UV-Schutzbrille

Wirksame Maßnahmen zum Augenschutz sind daher im Solarium zwingend notwendig. Als geeignet hat sich dabei das Tragen einer UV-Schutzbrille mit Filterwirkung nach DIN EN 170 während der Bestrahlung erwiesen.

2.2.3.4　　Chronische Wirkungen

Durch langjährige Einwirkung von UV-Strahlung kann es, bedingt durch eine photochemische Reaktion von Proteinen in der Linse des Auges, zu einer **irreversiblen Trübung der Linse** kommen (Grauer Star, Katarakt). Dieser Prozess schreitet immer weiter fort, bis schließlich das Sehen extrem eingeschränkt ist oder sogar eine vollständige Erblindung vorliegt.

Die **Linsentrübung** kann sowohl durch UV-B als auch durch UV-A Strahlung hervorgerufen werden. Die notwendigen Einzeldosen liegen dabei deutlich unter der Dosis, die für eine Bindehaut- oder Hornhautentzündung notwendig ist (Akuteffekt). Wie unter 2.2.2.4 Dosis-Wirkungs-Beziehung beschrieben, handelt es sich um einen kumulativen Effekt, meist über mehrere Jahre hinweg, weshalb das Auftreten des sog. „Altersstar" bei Personen über 70 Jahren sehr häufig auftritt. Ohne Schutzbrille ist die Kataraktentstehung bei Solariennutzern früher **zu erwarten** als bei Personen, die nicht diesen Expositionen ausgesetzt sind.
Auch eine langjährige Einwirkung von Infrarotstrahlung kann zu einer Trübung der Linse führen.

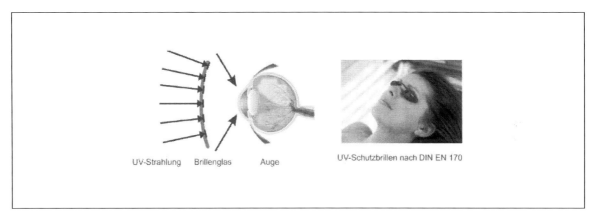

Abbildung 37: UV-Schutzbrille

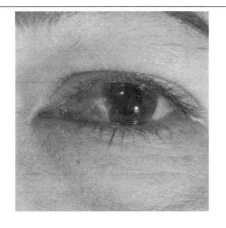

Abbildung 38: Pterygium (Flügelfell)

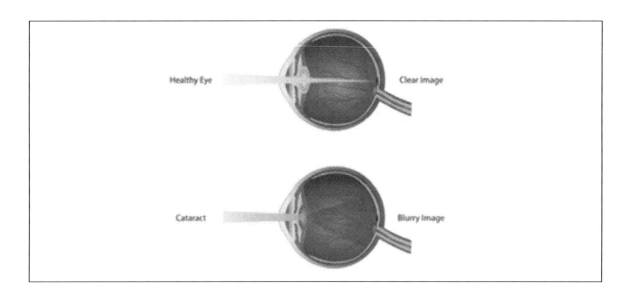

Abbildung 39: Grauer Star und Pterygium als Beispiel für eine chronische Schädigung des Auges

2.2.3.5   Zusammenfassung und Merksätze

*Das Auge ist der Leitsinn des Menschen und wird durch zahlreiche Schutzmechanismen vor Schäden geschützt. Der Blendreflex als Schutzmechanismus vor zu starkem (energiereichen) sichtbarem Licht wird durch UV- oder Infrarotstrahlung **nicht** ausgelöst. UV-Strahlung überträgt allerdings deutlich mehr Energie als sichtbares Licht. Daraus lässt sich ableiten, dass beim Umgang mit UV-Strahlung zwingend eine Schutzbrille getragen werden muss.*

UVC-Strahlung wird – wegen der kurzen Wellenlänge – vollständig auf der Hornhaut des Auges absorbiert. Da anders als bei der Haut des Menschen die Hornhaut des Auges nicht durch spezielle Hautschichten oder eine Pigmentierung (siehe Lichtschwiele und Pigmentierung der Haut) geschützt ist, kann es wegen der hohen Energie der UVC-Strahlung innerhalb von wenigen Sekunden zu schweren, akuten Schäden des Auges kommen (Bindehautentzündung, Hornhautentzündung). Im Solarium tritt UVC-Strahlung aus den Hochdruckbrennern im Gesichtsfeld aus und wird durch die Filterscheiben ausgefiltert. Deshalb ist die Funktion der Filterscheiben täglich zu prüfen und sicher zu stellen.

UVB- und UVA-Strahlung können – in Abhängigkeit von der Dosierung – ebenfalls Bindehaut- und Hornhautentzündung auslösen. Wegen der längeren Wellenlänge dringt die UVA- und UVB-Strahlung jedoch weiter ins Auge ein und wird zu 36 und 52 % in der Linse absorbiert, deren Proteine durch diese Strahlung geschädigt werden können. Da es für diese Schädigungen keinen Reparaturmechanismus gibt, entsteht so über einen längeren Zeitraum das chronische Krankheitsbild des grauen Stars, bei dem es zu einer Trübung der Linse durch die geschädigten Proteine kommt mit einhergehender Erblindung.

Praxishinweis:

Das Angebot der UV-Schutzbrille muss durch das Personal erfolgen! Ein Körbchen mit Schutzbrillen an der Rezeption zur Selbstbedienung der Kunden reicht nicht aus. Als Ergänzung zum persönlichen Angebot ist dies aber hilfreich, ebenso wie die zusätzliche Platzierung einer Schutzbrille direkt auf dem UV-Bestrahlungsgerät.

2.2.3.6   Lernzielkontrollfragen

1. **Welche biopositive Wirkung von UV-Strahlung auf den Menschen ist Ihnen bekannt?**
   o   Vitamin D Synthese.
   o   kosmetische Bräunung (Pigmentierung)
   o   Lichtschwiele.

2. **Wie viele Hauttypen gibt es?**
   o   4
   o   6
   o   2

3. **Warum ist der Hauttyp I und II ein Ausschlusskriterium?**
   o   Hauttyp I und II hat zwar ausreichend Pigment zum Schutz vor UV-Strahlung, aber die Lichtschwiele fehlt.
   o   Nur Hauttyp I ist ein Ausschlusskriterium. Hauttyp II darf bestrahlt werden.
   o   Personen mit Hauttyp I und II besitzen keine ausreichenden Schutzmechanismen gegen UV-Strahlung und sind deshalb zu empfindlich.

4. **Warum sollen Menschen mit rötlicher Haarfarbe keine UV-Bestrahlungsgeräte nutzen?**
   o   Solange Menschen mit roten Haaren ausreichend braune Pigmente bilden (Melanin), dürfen Sie UV-Bestrahlungsgeräte für 5:30 min nutzen.
   o   Menschen mit rötlichen Haaren sind meist Hauttyp I (Ausschlusskriterium) und haben nicht genug braunes Melanin (deshalb schimmert die rote Farbe durch) zum Schutz vor UV-Strahlung.
   o   Rötliche Haarfarbe ist kein Ausschlusskriterium.

5. **Welche Einschränkungen in Bezug auf die Aussagekraft der Hauttypenbestimmungen sind denkbar?**
   o   Die Selbsteinschätzung der Menschen ist häufig falsch und die Antworten bieten eine große Spannweite.
   o   Für die Hauttypenbestimmung im Sonnenstudio sind die Hauttypenanalysen zuverlässig und ohne Einschränkung einsetzbar.
   o   Alle sechs Hauttypen können mit der Hauttypenanalyse sicher erfasst werden. Bei Unstimmigkeiten kann das Fachpersonal die Angaben korrigieren.

6. **Was ist zu beachten, wenn ein Nutzer bei der Hauttypenanalyse jede Frage mit der jeweils höchsten Antwortmöglichkeit beantwortet?**
   o Der Kunde ist mit 40 Punkten Hauttyp IV. Andere Möglichkeiten gibt es nicht.
   o Der Nutzer kann entweder Hauttyp IV, V oder VI sein. Das Fachpersonal muss durch zusätzliche Analysen den Hauttypen genauer bestimmen.
   o Die Antworten des Kunden sind verbindlich. Zusätzliche Kontrollen sind nicht nötig.

7. **Warum ist die Neigung zur Bildung von Sommersprossen und Sonnenbrandflecken ein Ausschlusskriterium?**
   o Sommersprossen findet man häufig beim Hauttypen I oder II und es handelt sich bei Sommersprossen um einen genetischen Defekt in Bezug auf die gleichmäßige Verteilung der braunen Farbe (Melanin) in der Haut.
   o Aus Sommersprossen kann in 15 % der Fälle ein malignes Melanom entstehen, und deshalb sind Sommersprossen ein Ausschlusskriterium.
   o Personen mit Sommersprossen sind immer Hauttyp I und dürfen deshalb keine UV-Bestrahlungsgeräte nutzen.

8. **Warum dürfen Personen mit Neurodermitis oder Schuppenflechte keine UV-Bestrahlungsgeräte im Sonnenstudio nutzen?**
   o Es handelt sich um eine Hautkrankheit (Ausschlusskriterium), der Dosierungsplan ist nicht bekannt, die Bestrahlung wäre eine Heilbehandlung, diese Personen nehmen häufig photosensibilisierende Arzneimittel und das Bestrahlungsgerät hat einen zu geringen UVB-Anteil.
   o Mit einem ärztlichen Attest kann der Nutzer im Sonnenstudio bestrahlt werden.
   o Die Nutzung des UV-Bestrahlungsgerätes ist nicht verboten. Mit einer Haftungsfreistellung kann der Kunde gefahrlos auf eigenes Risiko bestrahlt werden.

9. **Wie kann der Vitamin D-Spiegel ohne UV-Strahlung eingestellt werden?**
   o Gar nicht.
   o Durch Diäten oder Supplemente.
   o Durch hochdosierte Infrarotstrahlung.

10. **Warum sind atypische oder mehr als 50 Leberflecken ein Ausschlusskriterium?**
    o Aus Leberflecken kann sich in ca. 10 % der Fälle ein malignes Melanom entwickeln. Deshalb sind atypische oder zahlreiche Leberflecken ein Ausschlusskriterium.
    o Schwarzer Hautkrebs entsteht immer aus einem Leberfleck. Deshalb sind atypische oder zahlreiche Leberflecken ein Ausschlusskriterium.
    o Sommersprossen wandeln sich in Muttermale und aus diesen werden dann in ca. 10 % der Fälle maligne Melanome.

2.2.4   Positive Wirkungen der UV-Strahlung

Die Sonne bestimmt mit ihrem Lauf den Jahres- und Tagesrhythmus der gesamten Natur und war für den frühen Menschen essentiell: Das Aufgehen der Sonne bedeutete Licht und Wärme, das Untergehen Kälte und Dunkelheit. Auch heute noch gilt ein Bad in der Sonne als Inbegriff für Erholung und Entspannung und bereits wenige Sonnenstrahlen schaffen ein rundum Wohlbefinden und haben zahlreiche positive Wirkungen auf unseren Körper - unter der Voraussetzung, dass schädigende Dosen von UV-Strahlung vermieden werden. Die positiven Wirkungen der Sonne – insbesondere der Anteil des sichtbaren Lichtes und des Infrarots – sind seit mehr als 4000 Jahren bekannt und werden in der Medizin im Rahmen der Phototherapie z.B. bei der Bestrahlung von Neugeborenen mit Leberinsuffizienz (blaues Licht) oder der Modulation der Circadianen Rhytmik und des Immunsystems (rotes Licht) eingesetzt. Für nahes Infrarot (600 bis 800 nm) konnte eine beschleunigte Wundheilung und beschleunigtes Gewebewachstum nachgewiesen werden.

In der medizinischen Therapie wird UV-Strahlung u. a. zur Behandlung von Schuppenflechte (Psoriasis) und Neurodermitis (atopisches Ekzem) sowie zum Abbau bestimmter Befindlichkeitsstörungen verwendet. Lichttherapie wird bei Depressionen und gestörtem Schlaf-Wach-Rhythmus angewendet.

Auch eine Reihe von Hautkrankheiten (Neurodermitis, Schuppenflechte und Weißfleckenkrankheit) lassen sich positiv beeinflussen (nicht heilen) durch UV-Strahlung im UV-B Bereich. Zu beachten ist dabei, dass derartige Patienten häufig photosensibilisierende Substanzen einnehmen, die die Empfindlichkeit der Haut dieser Patienten auf UV-Strahlung deutlich erhöhen. Wegen der erhöhten Hautkrebsgefahr (UV-B Bestrahlung!) und dieser möglichen photosensibilisierenden Effekte sollte eine Strahlentherapie deshalb nur unter ärztlicher Kontrolle erfolgen und nicht im Solarium. Nicht nur, weil der Anteil der UVB-Strahlung im Solarium sehr gering ist (meist weniger als 1 %), sondern auch weil festzustellen ist, dass im Regelfall die Mitarbeiter im Sonnenstudio nicht dazu in der Lage sind, einen Bestrahlungsplan für derartige Patienten zu erstellen. Entsprechend werden Hautkrankheiten und damit auch Neurodermitis, Schuppenflechte und Weißfleckenkrankheit im Sonnenstudio als Ausschlusskriterium eingestuft.

2.2.4.1   Vitamin D Synthese

Die bedeutsamste, positive biologische Wirkung der UV-Strahlung ist die **Bildung von Vitamin D 3**. Unter UVB-Bestrahlung wird in der Haut eine Vorstufe des Vitamin D – eigentlich kein Vitamin sondern ein Hormon - gebildet, die anschließend in Leber und Niere transportiert und dort zum eigentlichen Vitamin D umgewandelt wird (Vergleiche Abbildung 34). Vitamin D transportiert das Kalzium aus dem Darm durch die Darmwand ins Blut und übernimmt damit wichtige Funktionen für den Knochenbau, die Muskulatur und das Immunsystem.

Entgegen der dosisabhängigen negativen Wirkung von Sonnenstrahlen schützt Sonnenlicht in kleinen Mengen über diesen Effekt vor bestimmten Krebsarten. Über das Vitamin D entfaltet sich offenbar ein Schutzeffekt gegen Brustkrebs, Darmkrebs, Prostatakrebs und Eierstock- und Lymphknotentumore. Das mit Hilfe der UV-B-Strahlung gebildete Vitamin D gilt auch als Schutzstoff vor Zuckerkrankheit, Osteoporose und dem Metabolischen

Syndrom. Um genügend Vitamin D zu bilden, reichen 10 Minuten Sonne pro Tag vollkommen aus. Eine Zeitspanne, die (mit Ausnahme des Hauttyp I) unter der Eigenschutzzeit der Haut liegt und deshalb als relativ ungefährlich eingestuft werden kann.

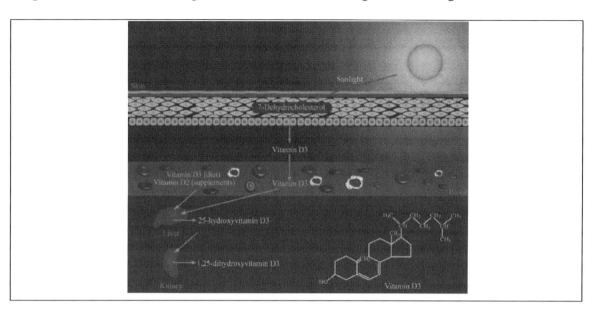

Abbildung 40: Vitamin D Synthese

Aus molekularbiologischer Sicht ist es mit Blick auf die möglichen negativen Aspekte der Vitamin D-Synthese durch UVB-Strahlung angezeigt, in jedem Fall den Vitamin D-Spiegel über geeignete Diäten oder Supplementationen einzustellen und nicht durch UV-Strahlung. Dies wurde in mehreren Studien bestätigt.

2.2.4.2   Zusammenfassung und Merksätze

Auch heute noch gilt ein Bad in der Sonne als Inbegriff für Erholung und Entspannung und bereits wenige Sonnenstrahlen schaffen ein breites Wohlbefinden und haben zahlreiche positive Wirkungen auf unseren Körper.

Bei der Bewertung und Zuordnung der positiven Wirkungen der Sonne ist zu berücksichtigen, dass das Spektrum der Sonne – und damit die positiven Wirkungen – nicht zwangsläufig auf die UV-Strahlung der Sonne zurückzuführen sein müssen sondern häufig dem sichtbaren Licht oder der Infrarotstrahlung zugeordnet werden können/müssen.

Als positive Wirkung der UV-Strahlung können benannt werden:
- *Behandlung von bestimmten Hautkrankheiten (Schuppenflechte, Neurodermitis, Weißfleckenkrankheit). Nicht im Sonnenstudio!*
- *Vitamin D Synthese*

2.2.4.3   Lernzielkontrollfragen

- *Welche positiven Effekte der UV-Strahlung sind Ihnen bekannt?*
  Vitamin D Synthese

- *Warum gelten Neurodermitis und Schuppenflechte, obwohl diese mit UV-Bestrahlung therapiert werden, als Ausschlusskriterium im Solarium?*
  Medizinische Therapie, meist Einnahme von Medikamenten, Unkenntnis der Erstellung von Dosierungsplänen, UVB-Bestrahlung nötig, Hautkrankheit.

- *Wie kann der Vitamin D-Spiegel ohne UV-Strahlung eingestellt werden?*
  Diät oder Supplementation

2.3   UV-Empfindlichkeit der Haut – Hauttypen

2.3.1   Hautfarbe und Hauttypen

Der Hauptrisikofaktor für UV-induzierten Hautkrebs ist die Hautfarbe. Bei hellen Hauttypen tritt diese Form des Hautkrebses 500mal häufiger auf als bei maximalpigmentierten Menschen. Dies begründet sich darin, dass dunkelhäutige Menschen nach akuter UV-Bestrahlung nicht nur eine deutlich geringere Rate der Schädigung der DNA zeigen, sondern auch eine sehr viel schnellere und effektivere Bildung von sog. apoptotischen Zellen (sunburn cells) besitzen, also einer deutlich schnelleren und effektiveren Eliminierung von irreversibel geschädigten Zellen. In einfachen Worten schützt damit dunkle Haut zum einen vor massiven Schäden der DNA indem die schädigende Strahlung durch das Melanin in harmlose Wärme umgewandelt wird und zum anderen werden angerichtete Schäden schnell und effizient repariert bzw. die geschädigten Zellen entfernt. Bei hellhäutigen Menschen sind diese beiden Schutzmechanismen nur noch eingeschränkt vorhanden, was letztendlich dazu führt, dass diese Personen deutlich empfindlicher gegen UV-Strahlung sind als dunkelhäutige. Mit Blick auf die globale Verteilung der Menschen auf der Welt lässt sich damit feststellen, dass insbesondere in den Regionen, in denen eine sehr starke UV-Strahlung vorherrscht, auch dunkle Hauttypen zu erwarten sind und umgekehrt. Diese Erwartung lässt sich durch die in Abbildung 35 dargestellte Weltkarte in Bezug auf die Stärke der UV-Strahlung und die Hautfarbe bestätigen.

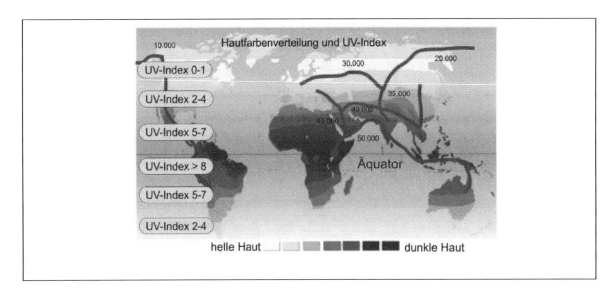

Abbildung 41: Geographische Verteilung der Hauttypen und des UV-Index. Nach G Chaplin, verändert (American Journal of Physical Anthropology 125:292-302, 2004). Die roten Linien zeigen die Wanderungen der Urzeitmenschen in Abhängigkeit von der Zeit und erklären, warum z.B. Menschen in Südamerika bei gleicher UV-Strahlungsstärke eine andere Hautfarbe zeigen als Zentralafrikaner und warum die australischen Ureinwohner bei geringerer UV-Strahlung einen dunkleren Hauttypen aufweisen.

Der Zusammenhang zwischen Hautfarbe und UV-Strahlung ist lange Zeit unbekannt gewesen und führte unter Berücksichtigung der Regulation der Körpertemperatur zu dem Paradoxon, dass ausgerechnet in den besonders warmen Regionen (den Regionen mit hoher Sonneneinstrahlung) der Welt dunkelhäutige Menschen leben., und dies obwohl dunkelhäutige Menschen mehr Energie aus der Sonnenstrahlung absorbieren als hellhäutige Menschen und deshalb deren Körpertemperatur negativ durch die zusätzlich aufgenommene Energie beeinflusst wird.

Dieser offenkundige Widerspruch in Bezug auf die Regulation der Körpertemperatur der Menschen gab den Wissenschaftlern lange Zeit Rätsel auf und wurde erst durch Everard Home gelöst, der zeigen konnte, dass dunkelhäutige Menschen zwar in der Sonne tatsächlich mehr Energie absorbieren (nur 16 % des sichtbaren Lichtes werden bei dunkelhäutigen Menschen reflektiert, bei hellhäutigen Menschen jedoch 47 %) und damit die Körpertemperatur negativ beeinflussen, im Gegensatz zu den hellhäutigen Menschen jedoch keinen Sonnenbrand bekommen. Insbesondere für Urzeitmenschen, die ohne Bekleidung, ohne die Nutzung des Feuers und oft ohne regelmäßige Nährstoffaufnahme lebten, war eine Beeinflussung der Körpertemperatur durch Wärmestrahlung bei gleichzeitigem Schutz vor UV-Strahlung enorm wichtig. Im Laufe der Evolution ging diese Notwendigkeit dann allerdings verloren und es entwickelten sich Menschen mit heller Hautfarbe und ohne dichtes Haarkleid. Damit ging auch der ursprüngliche biologische Schutz vor UV-Strahlung verloren.

Abbildung 42: Evolution des Menschen unter Berücksichtigung von Hautfarbe und Haarkleid

Obwohl natürliches Melanin ein sehr effektiver Schutz vor UV-Strahlung ist, konnte durch Young und Sheehan gezeigt werden, dass durch die Bräunung der Haut bei hellen Hauttypen lediglich ein Schutzfaktor (gegen DNA-Schäden) von 2-3 aufgebaut werden konnte. Daraus resultiert die Schlussfolgerung, dass hellhäutige Menschen starke UV-Strahlung meiden sollten. Gegen eine kurze tägliche Exposition ist hingegen nicht nur nichts einzuwenden, sondern mit Blick auf z.B. die Synthese von Vitamin D ist dies sogar zu empfehlen. Allerdings ist dabei zu berücksichtigen, dass die Einstellung des Vitamin D-Spiegels auch durch eine risikolose Supplementation erfolgen kann.

Die **Hautfarbe** eines Menschen ist ein individuelles Merkmal, dass im Wesentlichen durch die **Menge**, die **Packung** und die **Verteilung** von Melanin in der Epidermis der Haut gebildet wird. Auch die **Struktur der Blutgefäße** in der Haut spielt eine (untergeordnete) Rolle. Ja nach dem Anteil der Melanine in der Haut variiert die Hautfarbe. Zu beachten ist dabei, dass die Anzahl der pigmenthaltigen Zellen, der Melanozyten, bei allen Menschen annähernd gleich ist, lediglich die Menge an gebildeten Farbstoffen – Melaninen - durch diese Zellen unterscheiden sich und sind für die unterschiedliche Hautfärbung verantwortlich. Man unterscheidet im Wesentlichen zwei Arten von Melaninen, das **Eumelanin**, dass eine braune bis schwarze Farbe hat und für die eigentliche Hautfarbe verantwortlich ist, und das **Phäomelanin**, das Schwefel enthält und von rötlich-gelber Farbe ist und insbesondere bei hellen Hauttypen einen rötlich-gelben Unterton erzeugt. Die roten Haare sehr heller Hauttypen sind auf die Dominanz des Phäomelanins zurück zu führen.

Der Anteil der gebildeten Farbstoffe in der Haut ist zwar genetisch bedingt und damit Verantwortlich für die Hautfarbe, aber die Pigmente können innerhalb einer bestimmten Spannweite durch Sonnenbestrahlung vermehrt gebildet und gedunkelt werden. Dies ist die Grundlage der **Bräunungsvorgänge** bei UV-Bestrahlung.

Unabhängig von der genetischen Disposition ist die Hautfarbe eines Menschen nicht überall gleich sondern ändert sich in Abhängigkeit von der Struktur der Haut, ihrer Dicke und ihres Pigmentgehaltes. Die Handflächen und Fußsohlen sind z.B. heller, weil sie weniger Melanine enthalten. Die Lippen hingegen enthalten sehr viele Pigmente und sind deshalb dunkel. Die Haut an den Fingerkuppen, den Knöcheln, den Ohren und der Nase erscheint hingegen meist deshalb dunkler, weil hier mehr Blutgefäße direkt unter der Hautoberfläche verlaufen.

Die in den Tabellen (siehe unten) aufgeführten Hauttypen und ihre Merkmale gelten ausschließlich für die Haut Erwachsener. Die Haut von Kindern reagiert empfindlicher auf UV-Strahlung und kann die mögliche Anpassungsfähigkeit der Haut Erwachsener noch nicht erreichen. Da der Übergang zwischen kindlicher und erwachsener Haut fließend ist, wird die Altersgrenze zur Unterscheidung zwischen der Haut von Kindern und von Erwachsenen mit 18 Jahren festgelegt (Quelle: UV-Fibel). Daraus lässt sich ableiten, dass Minderjährige ein Solarium nicht benutzen dürfen.

In der Anthropologie kam zu Beginn des 20. Jahrhunderts der Bestimmung der Hautfarbe als „rassisches Merkmal" eine zentrale Bedeutung zu. Von dem Anthropologen Felix von Luschan wurde dazu eine Farbskala von insgesamt 36 Farbtönen entwickelt, die als Referenz zur Bestimmung der Hauttypen (Hautfarbe) herangezogen wurden (**von-Luschan-Skala**). In der Praxis erwies sich diese Technik jedoch schnell als unbrauchbar, da der Farbton der Haut an unterschiedlichen Körperstellen in Abhängigkeit von der Lichtexposition stark unterschiedlich sein kann. Wissenschaftlich betrachtet hat die Skala heute nur noch historische Bedeutung.

Die heute gebräuchlichste Klassifikation von Hauttypen wurde 1975 von dem amerikanischen Hautarzt Thomas Fitzpatrick entwickelt. Danach werden sechs Hauttypen unterschieden, wobei die Einteilung der Hauttypen relativ grob ist – die Übergänge sind fließend. Grundsätzlich beruht die Einteilung der Hauttypen nach Fitzpatrick auf den Kriterien der Pigmentierung und der Reaktion der Haut auf UV-Strahlung in Bezug auf Bräunung und Sonnenbrand. Bei der wissenschaftlichen Bewertung dieser Methode ist festzustellen, dass die Klassifikation in 6 Hauttypen nach diesem Verfahren einer idealtypischen Annahme entspricht, die durchaus mit einer Streubreite behaftet ist, da z.B. die Augen und Haarfarbe zwar ein Indiz für eine Hautfarbe sein kann, letztendlich jedoch nichts über den tatsächlichen Hauttyp aussagt. Auch musste festgestellt werden, dass keine strenge Korrelation zwischen der Selbstbewertung der Personen und der tatsächlichen Empfindlichkeit der Haut gegen UV-Strahlung und ihrer Bräunungsfähigkeit besteht.

Die Hauttypenbestimmung stellt deshalb eine Klassifikation dar, in der eine Spannweite individueller UV-Hauttypenempfindlichkeiten gegeben ist. Die primären Bewertungskriterien zur Hauttypeneinteilung sind die Erythemempfindlichkeit und die Adaptationsfähigkeit. Haarfarbe, Augenfarbe usw. sind sekundäre Kriterien.

Entsprechend muss an dieser Stelle ausdrücklich vor gesundheitlichen Schäden – bedingt durch die Streubreite der Bestimmungsmethode – und daraus resultierender Fehleinschätzungen gewarnt werden. In Zweifelsfällen ist dem Nutzer deshalb zu empfehlen, den Hauttyp ärztlich bestimmen zu lassen.

Besonders empfindlich ist **Hauttyp I**. Er zeichnet sich durch eine sehr helle, extrem empfindliche Haut, helle Augen, rotblondes Haar und Sommersprossen aus. Hauttyp I bräunt nie und bekommt schnell einen Sonnenbrand. Bei einem UV-Index von 8 geschieht dies in weniger als zehn Minuten.

Hauttyp I (keltischer Typ) Ausschlusskriterium		
Beschreibung:		
Natürliche Hautfarbe		Sehr hell
Sommersprossen / Son-nenbrandflecken		Sehr häufig
Natürliche Haarfarbe		Rötlich bis röttich blond
Augenfarbe		Blau, grau
Reaktion auf Sonne:		
Sonnenbrand		Immer und schmerzhaft
Bräunung		Keine
Erythemwirksame Schwellenbestrahlung		200 J/m^2
Eigenschutzzeit		< 10 Minuten
Häufigkeit in %		2 %

Abbildung 43: Hauttyp I

Hauttyp II zeichnet sich durch helle, empfindliche Haut, helles Haar, helle Augen und oftmals Sommersprossen aus. Hauttyp II kann nur langsam bräunen und bekommt oft einen Sonnenbrand. Bei einem UV-Index von 8 geschieht dies in weniger als 20 Minuten.

Hauttyp II (nordischer Typ) Ausschlusskriterium		
Beschreibung:		
Natürliche Hautfarbe		hell
Sommersprossen / Son-nenbrandflecken		häufig
Natürliche Haarfarbe		Blond bis braun
Augenfarbe		Blau, grün, grau, braun
Reaktion auf Sonne:		
Sonnenbrand		Fast immer schmerzhaft
Bräunung		Kaum bis mäßig
Erythemwirksame Schwellenbestrahlung		250 J/m^2
Eigenschutzzeit		10-20 Minuten
Häufigkeit in %		12 %

Abbildung 44: Hauttyp II

Hauttyp III zeichnet sich durch mittelhelle Haut, braunes Haar und helle bis dunkle Augen aus. Hauttyp III bräunt langsam und bekommt nur manchmal einen Sonnenbrand. Bei einem UV-Index von 8 geschieht dies in weniger als 30 Minuten.

Hauttyp III (Mischtyp, europäisch dunkel)		
Beschreibung:		
Natürliche Hautfarbe		Hell bis hellbraun
Sommersprossen / Son-nenbrandflecken		selten
Natürliche Haarfarbe		Dunkelblond bis braun
Augenfarbe		Grau, braun
Reaktion auf Sonne:		
Sonnenbrand		Selten bis mäßig
Bräunung		fortschreitend
Erythemwirksame Schwellenbestrahlung		350 J/m^2
Eigenschutzzeit		20-30 Minuten
Häufigkeit in %		78 %

Abbildung 45: Hauttyp III

Hauttyp IV zeichnet sich durch bräunliche, wenig empfindliche Haut, dunkelbraunes oder schwarzes Haar und dunkle Augen aus. Hauttyp IV kann schnell und tief bräunen und bekommt selten einen Sonnenbrand. Bei einem UV-Index von 8 geschieht dies nach mehr als 30 Minuten.

Abbildung 46: Hauttyp IV

Hauttyp V zeichnet sich durch dunkle, wenig empfindliche Haut, schwarzes Haar und dunkle Augen aus. Hauttyp V bekommt selten einen Sonnenbrand. Bei einem UV-Index von 8 geschieht dies nach mehr als 60 Minuten.

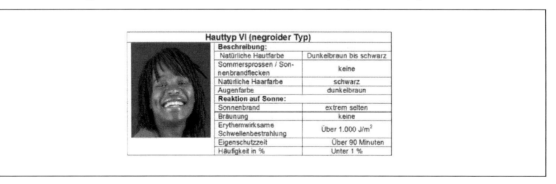

Abbildung 47: Hauttyp V

Hauttyp VI zeichnet sich durch schwarze, wenig empfindliche Haut, schwarzes Haar und dunkle bis schwarze Augen aus. Hauttyp VI bekommt sehr selten Sonnenbrand. Bei einem UV-Index von 8 geschieht dies nach mehr als 90 Minuten. (Quelle: bfs)

Hauttyp VI (negroider Typ)	
Beschreibung:	
Natürliche Hautfarbe	Dunkelbraun bis schwarz
Sommersprossen / Sonnenbrandflecken	keine
Natürliche Haarfarbe	schwarz
Augenfarbe	dunkelbraun
Reaktion auf Sonne:	
Sonnenbrand	extrem selten
Bräunung	keine
Erythemwirksame Schwellenbestrahlung	Über 1.000 J/m^2
Eigenschutzzeit	Über 90 Minuten
Häufigkeit in %	Unter 1 %

Abbildung 48: Hauttyp VI

Eigenschutzzeit ist die Zeitdauer, für die man im Laufe eines Tages die ungebräunte Haut der Sonne maximal aussetzen kann. Sie wird standardisiert bei UV-Index 8 (Mittagssonne im Sommer in Mitteleuropa)

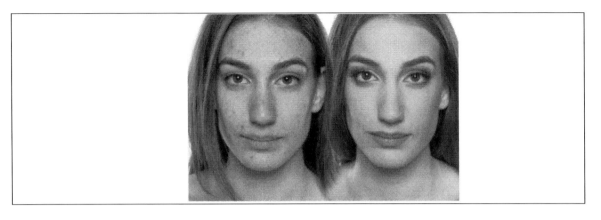

Abbildung 49: Nutzerin in geschminktem und ungeschminktem Zustand. Wegen der Akne (Hautkrankheit) liegt ein Ausschlusskriterium vor.

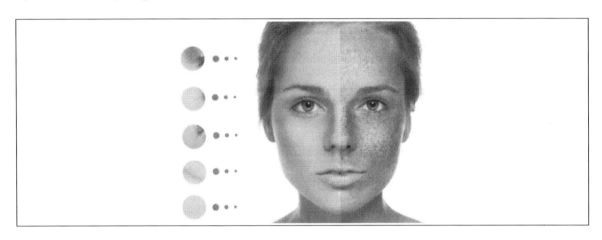

Abbildung 50: Nutzerin (geschminkt und abgeschminkt) die sich phänotypisch dem Hauttypen III zuordnen lässt, jedoch zahlreiche Sommersprossen besitzt, die eine Bestrahlung ausschließen.

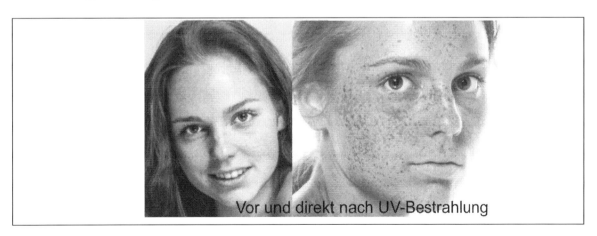

Abbildung 51: Die gleiche Nutzerin wie in Abbildung 50. Diesmal direkt vor und nach der UV-Bestrahlung. Die Neigung zur Bildung von Sommersprossen ist ein Ausschlusskriterium.

Praxishinweis:

Viele Nutzerinnen führen die Beratungsgespräche in (noch) geschminktem Zustand durch. Eine Plausibilitätskontrolle der persönlichen Angaben in der Hauttypenanalyse ist so nicht möglich, wie die nachfolgenden Fotos eindrucksvoll zeigen. Als Sicherheitscheck deshalb immer das Gesicht der Nutzerin in ungeschminktem Zustand vor und nach der Bestrahlung kontrollieren.

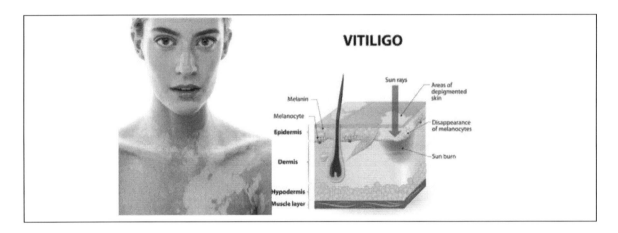

Abbildung 52: Nutzerin mit Vitiligo. Im geschminkten Gesicht nicht zu erkennen. Ausschlusskriterium weil in den hellen Bereichen kein UV-Schutz besteht.

2.3.2   UV-Empfindlichkeit der Haut

Die Empfindlichkeit der menschlichen Haut gegenüber UV-Strahlen ist für jeden Menschen individuell verschieden und hängt im Wesentlichen von 3 Faktoren ab:

- dem **Hauttyp** des Menschen (genetisch bedingt)

- dem **Adaptationsgrad** des Menschen

- **modifizierenden Faktoren** des Menschen (modifizierende Faktoren)

Der **Hauttyp** der Menschen lässt sich ausreichend genau durch die Einteilung der Menschen in 6 Hauttypen ermitteln. Als Kriterien für die Abschätzung der Hauttypen werden – wie oben beschrieben – neben der Hautfarbe, der Augenfarbe und der Haarfarbe vor allem die Reaktion und Empfindlichkeit des Organismus auf vorausgegangene Sonnenstrahlen herangezogen. Mit dieser Vorgehensweise lässt sich aus den individuellen Erfahrungen der einzelnen Menschen aus vorangegangenen Bestrahlungen hinreichend genau der Hauttyp abschätzen.

Die UV-Empfindlichkeit der menschlichen Haut verändert sich in Abhängigkeit vom **Adaptationsgrad** der Haut. Insbesondere die Haut von Kindern und Jugendlichen ist deutlich empfindlicher gegenüber UV-Strahlungen und sollte deshalb auch besser vor UV-Strahlung geschützt werden als die Haut von Erwachsenen, die über deutlich höhere **Anpassungsmechanismen** (Färbung, Dicke) verfügt. Da der Übergang von kindlicher zu erwachsener Haut aus biologischer Sicht fließend und nicht eindeutig bestimmbar ist, wurde die Grenze zwischen kindlicher und erwachsener Haut willkürlich auf **18 Jahre** festgelegt. Daraus resultiert zum Schutz der kindlichen (jugendlichen) Haut das Verbot der Nutzung von Solarien durch Minderjährige.

Die **modifizierenden Faktoren** des Menschen und hier insbesondere die **Regenerationsfähigkeit** der Haut haben ebenfalls einen Einfluss auf die UV-Empfindlichkeit. Bei jedem Sonnenbad – egal ob künstlichen oder natürlichen Ursprungs – kann es durch die UV-Strahlung zu Schädigungen im Gewebe kommen. Im Regelfall werden diese Schäden durch **körpereigene Reparaturmechanismen** (DNA-Reparatur, Zellneubildung) schnell und vollständig repariert. Diese Reparaturmechanismen funktionieren beim gesunden Menschen ausgesprochen effizient, benötigen jedoch eine gewisse Zeit um die entstandenen Schäden vollständig reparieren zu können. Ist der Mensch krank, kann die Effizienz dieser Mechanismen beeinträchtigt werden und die Reparaturen verlangsamen oder zum Erliegen bringen. Daraus resultiert, dass einzelne Sonnenbäder nur mit ausreichend langen Pausen genommen werden sollten, um den Reparaturmechanismen ausreichend Zeit für die Reparaturen zu geben.

2.3.3   Zusammenfassung und Merksätze

Die Hautfarbe eines Menschen ist ein individuelles Merkmal, dass durch die Struktur der Blutgefäße in der Haut und durch bestimmte Pigmente (Melanine) in der Haut bestimmt wird.

Der Anteil der gebildeten Pigmente in der Haut ist genetisch bedingt, aber die Pigmente können innerhalb einer bestimmten Spannweite durch Sonnenbestrahlung vermehrt gebildet und gedunkelt werden. Dies ist die Grundlage der Bräunungsvorgänge bei UV-Bestrahlungen.

Die Hauttypenbestimmung stellt eine pragmatische Klassifikation dar, bei der die primären Bewertungskriterien zur Hauttypeneinteilung die Erythemempfindlichkeit und die Adaptationsfähigkeit der Haut auf UV-Strahlung darstellen, und die Haarfarbe, Augenfarbe usw. sekundäre Kriterien bilden.

Die in den Hauttypentabellen aufgeführten Hauttypen und ihre Merkmale gelten ausschließlich für die Haut Erwachsener. Die Haut von Kindern reagiert empfindlicher auf UV-Strahlung. Daraus lässt sich ableiten, dass Minderjährige ein Solarium nicht benutzen dürfen.

Nach der heute gebräuchlichsten Hauttypenklassifikation werden sechs Hauttypen unterschieden, wobei die Einteilung der Hauttypen relativ grob ist – die Übergänge sind fließend. Bei der wissenschaftlichen Bewertung dieser Methode ist festzustellen, dass die Klassifikation in 6 Hauttypen nach diesem Verfahren einer idealtypischen Annahme entspricht, die durchaus mit einer Streubreite behaftet ist, da z.B. die Augen und Haarfarbe zwar ein Indiz für eine Hautfarbe sein kann, letztendlich jedoch nichts über den tatsächlichen Hauttyp aussagt.

Die Empfindlichkeit der menschlichen Haut gegenüber UV-Strahlen ist für jeden Menschen individuell verschieden und hängt im Wesentlichen von 3 Faktoren ab: dem Hauttyp, dem Adaptationsgrad und modifizierender Faktoren.

2.3.4   Lernzielkontrollfragen

1. Von welchen Faktoren hängt die Wirkung der UV-Strahlung auf den Menschen (Haut und Augen) ab?
- o   Von Spektrum und Bestrahlungszeit.
- o   Eindringtiefe, Strahlungsintensität (Spektrum), Einwirkdauer und zeitlicher Ablauf der Einwirkung.
- o   Eindringtiefe, Einwirkdauer und zeitlicher Ablauf der Einwirkung.

2. Warum wählt man im Sonnenstudio die Sonnenbrandwirksamkeit als Grundlage der Dosierung?
- o   Weil die spektrale Wirksamkeit von Sonnenbrand sehr ähnlich ist zur spektralen Wirksamkeit von Pigmentierung, Hautalterung und Karzinogenese und Sonnenbrand eine akute Wirkung ist, die leicht zu erkennen ist.
- o   Weil der Sonnenbrand als sichtbares Zeichen einer starken Hautschädigung eine Vorstufe der Pigmentierung, Hautalterung und Karzinogenese ist.
- o   Weil Sonnenbrand leicht zu erkennen ist.

3. Welches UV-Spektrum kommt im UV-Bestrahlungsgerät (Solarium) zum Einsatz?
- o   UVA
- o   UVA und UVB
- o   UVA und UVC

4. Welche Aussage ist richtig?
- o   Je kürzer die Wellenlänge der Strahlung, desto höher ist der Energiegehalt der Strahlung.
- o   Je kürzer die Wellenlänge der Strahlung, desto geringer ist der Energiegehalt der Strahlung.
- o   Die Wellenlänge einer Strahlung steht in keinem Zusammenhang zum Energiegehalt der Strahlung.

5. Welche Beziehung besteht zwischen der Wellenlänge der UV-Strahlung und seiner Eindringtiefe in die menschliche Haut?
- o   Je kürzer die Wellenlänge, desto tiefer dringt die Strahlung in menschliches Gewebe ein.
- o   Je länger die Wellenlänge, desto tiefer dringt die Strahlung in menschliches Gewebe ein.
- o   UVC-Strahlung dringt am tiefsten ein, UVA-Strahlung am geringsten.

6. **Was versteht man unter der sog. Regeneration der Haut und welche Konsequenzen ergeben sich daraus für die Bestrahlung im Sonnenstudio?**
   - o Die Haut regeneriert im Regelfall innerhalb von ca. 1 Woche. Durch die Erneuerung der Haut geht der erworbene UV-Schutz verloren und die Haut darf nicht mehr so stark bestrahlt werden.
   - o Die Haut regeneriert im Regelfall innerhalb von ca. 4 Wochen. Durch die Erneuerung der Haut geht der erworbene UV-Schutz verloren und die Haut darf nicht mehr so stark bestrahlt werden.
   - o Durch die Regeneration der Haut werden Schäden, die die Haut evtl. durch UV-Strahlung erworben hat, repariert. Danach kann die Haut länger bestrahlt werden als vor der Regeneration.

7. **In welcher Hautschicht wird die Energie der UV-Strahlung hauptsächlich absorbiert?**
   - o Oberhaut
   - o Lederhaut
   - o Unterhaut

8. **Was versteht man unter der sog. Immunsuppression?**
   - o Die Stärkung des Immunsystems nach UV-Bestrahlung.
   - o Die Unterdrückung der Immunantwort durch Infrarotstrahlung.
   - o Die Herunterregulierung des Immunsystems nach UV-Bestrahlung.

9. **Welche Gruppen von Substanzen können photosensibilisierend wirken?**
   - o Bestimmte Antibiotika, alle pflanzlichen Öle und bestimmte Lebensmittel.
   - o Johanneskraut, Herkulesstaude und Tomatensaft.
   - o Bestimmte Lebensmitel, bestimmte Arzneimittel und bestimmte Duftstoffe (Kosmetika).

10. **Bei welcher chronischen Krankheit liegt ein dauerhaftes Ausschlusskriterium wegen des geschädigten Immunsystems vor?**
    - o Arthrose
    - o HIV
    - o Bluthochdruck

2.4   Einflussfaktoren auf die UV-Wirkung

2.4.1   Spektrum, Dosis und Bestrahlungshäufigkeit

Spektrale Abhängigkeit

Die Wirksamkeit ultravioletter Strahlung ist stark wellenlängenabhängig und kann für verschiedene biologische Effekte durch spektrale Wirksamkeiten (Aktionsspektren) beschrieben werden. (Abbildung 50 zeigt das international festgelegte Referenzwirkungsspektrum für das UV-Hauterythem sowie für die direkte und verzögerte Pigmentierung.) (Quelle: UV-Fibel)

Schwellenbestrahlungen

Die Beobachtungen deuten darauf hin, dass die relative spektrale Wirksamkeit der einzelnen Wellenlängen des UV-Strahlenspektrums für die Pigmentneubildung (Melanogenese), für den Sonnenbrand (Erythembildung), für die Erzeugung von Hautkrebs (Karzinogenese) sowie für die vorzeitige Hautalterung (Elastose) ähnlich sind. Daher kann keine Bestrahlung eine einzige gewünschte Wirkung allein erzeugen, ohne gleichzeitig auch ein Risiko zur Stimulation unerwünschter Effekte zu verursachen. Es ist aber möglich, durch die Begrenzung der angewandten Bestrahlungsdosis, der spektralen Verteilung sowie der Häufigkeit der Bestrahlungen erwünschte Wirkungen wie die Hautbräunung ohne Sonnenbrand zu erreichen und das Risiko gegenüber weiteren unerwünschten Wirkungen oder Schäden so weit wie möglich zu reduzieren. Mit Sonnenbänken, die hierfür eine geeignete spektrale Verteilung aufweisen und über eine genau einstellbare Dosierungsmöglichkeit verfügen, ist „Bräunung ohne Sonnenbrand" möglich (siehe Abb. 44). Hierüber hinausgehend erfordert die Reduzierung des Bestrahlungsrisikos aber auch eine auf die individuelle UV-Empfindlichkeit abgestimmte Dosierung und die Begrenzung der Anzahl der Anwendungen im Rahmen des Dosierungsplans. (Quelle: UV-Fibel).

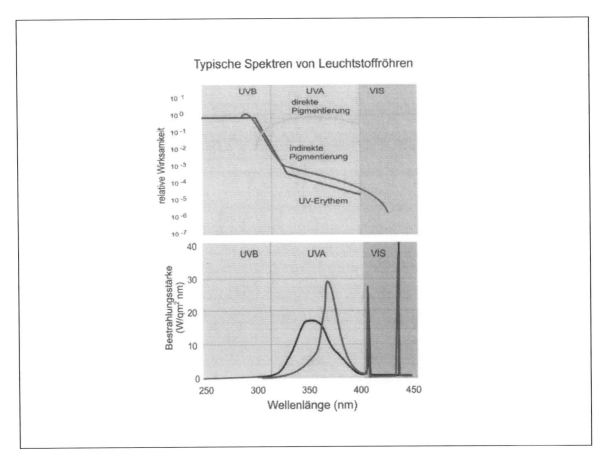

Abbildung 53: Wirkungsspektrum des UV-Erythems und der Pigmentierung

Die Abbildung verdeutlicht, dass die relative Wirksamkeit der UV-Strahlung zur **direkten Pigmentierung im UV-A Bereich** sehr hoch ist, während in diesem Bereich die Erythemwirksamkeit vergleichsweise niedrig ist. Andererseits ist die relative Wirksamkeit der UV-Strahlung zur **Erythemwirkung im UV-C Bereich** sehr hoch, die relative

Wirksamkeit der UV-Strahlung zur direkten Pigmentierung jedoch sehr gering. Dies liegt im Wesentlichen darin begründet, dass die DNA ihr Absorptionsmaximum bei 254 nm hat, einer Wellenlänge, die im UV-C Spektrum liegt. Das ist auch der Grund, warum UV-C zur physikalischen Desinfektion von z.B. Operationssälen genutzt wird.

Mit UV-A-Strahlung wird vor allem die gewünschte direkte Pigmentierung erreicht (**direkte Pigmentierung**). Als unerwünschte Nebeneffekte treten durch UV-A-Strahlung auch **degenerative Hautveränderungen** ein wie **Elastizitätsverlust**, **Pigmentanomalien** und **vorzeitige Hautalterung** (Spätfolge). Zusätzlich gilt UV-A als auslösender Faktor für fototoxische und fotoallergische Reaktionen und als potenziell Hautkrebs erregend.

Die energiereichere UV-B-Strahlung wird für die **verzögerte Pigmentierung** verantwortlich gemacht, kann jedoch auch leicht zu UV-Hauterythemen führen. Die potenziell Hautkrebs erregende Wirksamkeit von UV-B gilt als gesichert.

UV-C-Strahlung spielt bei der gewünschten Bräunung keine Rolle und wird wegen der unstreitigen schädlichen Wirkung auf die DNA in Solarien komplett eliminiert.

Abgeleitet aus diesen Beobachtungen ist es möglich, mittels **spektraler Optimierung, Dosisbegrenzung und Begrenzung der Häufigkeit** (bezüglich Anzahl und intermittierender Pausen) das Risiko gegenüber unerwünschten Akuteffekten (wie z.B. Erythembildung) zu unterdrücken. In Bezug auf die chronischen Schadwirkungen kann das Risiko nur reduziert werden. Bedingungen dafür sind:

➢ Ein optimiertes Strahlenspektrum
➢ Individuelle (erythemunterschwellige) Dosierung
➢ Begrenzung der Häufigkeit der Bestrahlungen bzgl. Anzahl und intermittierender Pausen.

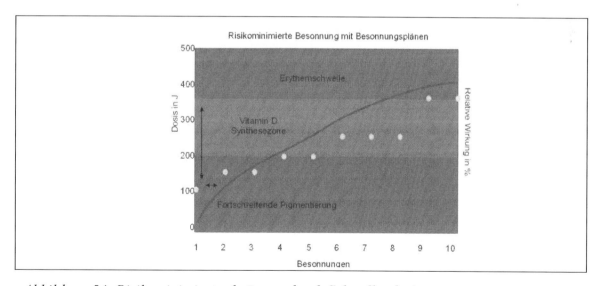

Abbildung 54: Risikominimiertes bräunen durch Schwellendosierung

Mit Sonnenbänken, die über entsprechende Strahlenspektren verfügen, einer individuellen Dosierung und der Begrenzung der Häufigkeit der Bestrahlung, ist eine **Bräunung ohne Sonnenbrand** und damit mit reduziertem Risiko möglich. Dies wird im Wesentlichen dadurch erreicht, dass auf den Hauttyp abgestimmte Dosierungen der Bestrahlung vorgenommen werden (Dazu ist die Bestimmung des Hauttyps notwendig) und anschließend der Nutzer in vorgeschriebenen Zeitabständen und maximalen Häufigkeiten mit UV-Strahlung in einer Größenordnung bestrahlt wird, die deutlich unter der Erythemschwelle liegt und somit keinen Sonnenbrand auslösen kann, langfristig jedoch zur Bräunung durch Pigmentbildung führt. Die Abbildung (siehe oben) verdeutlicht das Prinzip.

2.4.2   Zusammenfassung und Merksätze

Die Wirksamkeit ultravioletter Strahlung ist stark wellenlängenabhängig und ist für die Pigmentneubildung, den Sonnenbrand, die vorzeitige Hautalterung und eine mögliche Hautkrebsentstehung ähnlich. Daher kann keine Bestrahlung eine einzige gewünschte Wirkung allein erzeugen, ohne gleichzeitig auch ein Risiko zur Stimulation unerwünschter Effekte zu verursachen. Die Hauptwirkung ist damit immer an eine Nebenwirkung gekoppelt. Es ist aber möglich, durch die Begrenzung der angewandten Bestrahlungsdosis, der spektralen Verteilung sowie der Häufigkeit der Bestrahlungen erwünschte Wirkungen wie die Hautbräunung ohne Sonnenbrand zu erreichen und das Risiko gegenüber weiteren unerwünschten Wirkungen oder Schäden so weit wie möglich zu reduzieren. In Bezug auf die chronischen Schadwirkungen kann das Risiko nur reduziert werden.

2.4.3   Lernzielkontrollfragen

- *Von welchen Faktoren hängt die Wirksamkeit von UV-Strahlung ab?*
  Spektrum, Dosis, Bestrahlungshäufigkeit

- *Warum wählt man im Sonnenstudio die Sonnenbrandwirksamkeit als Grundlage der Dosierung?*
  Spektrale Wirksamkeit von Sonnenbrand, Pigmentierung, Hautalterung und Karzinogenese sind ähnlich. Da Sonnenbrand ist eine akute Reaktion die leicht und eindeutig zu erkennen ist.

2.5 Sonnenbrandwirksamkeit

2.5.1 Sonnenbrandwirksamkeit als Grundlage der Dosierung

Wie im vorangegangenen Kapitel dargestellt ist ein **optimales Strahlenspektrum** des Solariums eine wichtige Grundlage für eine **möglichst risikominimierte Bräunung.** Im Idealtypischen Fall müsste man deshalb für jedes Bestrahlungsmodul die genaue spektrale Verteilung des abgestrahlten Lichtes bestimmen. Dies ist technisch zwar möglich, jedoch für die Praxis viel zu aufwendig und deshalb nicht praktikabel.

Um dennoch eine ausreichend belastbare Aussage in Bezug auf Strahlenspektrum und Dosierung treffen zu können, bedient man sich einer **„Hilfsgröße", der sog. erythemwirksamen Bestrahlungsstärke**, in der die beiden physikalischen Größen **Bestrahlungsstärke** und **Strahlenspektrum** als biologisch **repräsentative Größe (Indikator)** zusammengefasst werden.

Die erythemwirkamen Bestrahlungsstärke ist als biologischer Indikator deshalb geeignet, weil:

1. Das **Wirkungsspektrum** der Erythembildung weitgehend **überlappt** mit den Wirkungsspektren vieler biologischer Wirkungen.
2. Das UV-Erythem **leicht festzustellen** und zu beobachten ist (Sonnenbrand)
3. Das UV-Erythem eine schnelle und **direkte Antwort auf eine Überdosierung** von UV-Strahlung ist

---

2.5.2 Zusammenfassung und Merksätze

Ein optimales Strahlenspektrum des Solariums ist eine wichtige Grundlage für eine möglichst risikominimierte Bräunung. Als biologischer Indikator für die Wirkung einer entsprechenden Bestrahlung dient als Hilfsgröße der Sonnenbrand, bei dem die sog. erythemwirksame Bestrahlungsstärke die beiden physikalischen Größen Bestrahlungsstärke und Strahlenspektrum zusammenfassen. Der Sonnenbrand ist als Indikator geeignet, weil er leicht festzustellen ist, im Wirkungsspektrum mit vielen biologischen Wirkungen überlappt und eine direkte Antwort auf eine Überdosierung von UV-Strahlung darstellt.

2.5.3 Lernzielkontrollfragen

- *Warum gilt der Sonnenbrand als biologischer Indikator für eine Überdosierung von UV-Strahlung?*
  Spektrale Wirksamkeit von Sonnenbrand, Pigmentierung, Hautalterung und Karzinogenese sind ähnlich. Der Sonnenbrand ist eine akute Reaktion die leicht und eindeutig zu erkennen ist.

3	Gerätekunde

3.1 Sonnenbank: Gerätetechnik und Betrieb

3.1.1 Aufbau einer Sonnenbank

Die verschiedenen Bauteile von modernen Solarien lassen sich in drei unterschiedliche Gruppen aufteilen:

1. **Optisch wirksame Bauteile** (UV-Strahlungsquelle, Reflektoren, Filter, Acrylglasscheiben)

2. **Sicherheitsrelevante Bauteile** (z.B. Trägerkonstruktion, Notabschaltung (sicherheitsrelevantes Bauteile), Modul zur Dosierung und Begrenzung der Bestrahlung (Steuerung, sicherheitsrelevantes Bauteil), Kühlung etc.)

3. Bauteile, die dem **zusätzlichen Komfort** des Nutzers dienen (Musikanlage, Beduftungsanlage etc.)

Abbildung 55: Aufbau eines Solariums

Ad 1.) Optisch wirksame Bauteile

In Bezug auf die Sicherheit und die **Kernfunktion** eines Solariums kommt den optisch wirksamen Bauteilen die größte Bedeutung zu. Zu den optisch wirksamen Bauteilen gehören:

➢   Die **UV-Strahlenquelle**
➢   Die **Reflektoren**
➢   Die **Filterscheiben**
➢   Die **Acrylglasscheiben**

Aus der Kombination dieser optischen Bauteile und deren Anordnung ergibt sich die Bestrahlungsstärke eines Solariums.

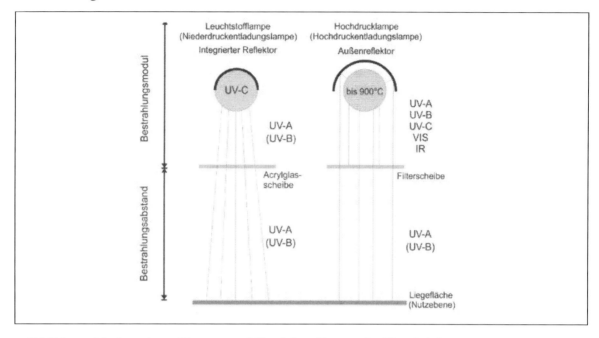

Abbildung 56: Leuchtstofflampe und Hochdrucklampe im Vergleich

Um die gewünschte UV-A und UV-B Strahlung in einem Solarium erzeugen zu können, werden im Regelfall zwei unterschiedliche Lampentypen verwendet: **Niederdruckentladungslampen** oder sog. **Leuchtstoffröhren** für die Bestrahlung des Körpers und **Hochdruckentladungslampen** oder sog. **Quarzstrahler** für die intensivere Bestrahlung des Gesichtsfeldes. Alternativ findet man an Stelle der Hochdrucklampen im Gesichtsfeld auch zusätzlich zu Leuchtstoffröhren, kleinere Leuchtstoffröhren im Gesichtsbereich. Obwohl beide Lampentypen in die Gruppe der **Entladungslampen** gehören, unterscheiden sie sich signifikante in Bezug auf das ausgesendete **Strahlungsspektrum** (UV-A, UV-B, UV-C, VIS, IR), die **Temperatur** und die **Anforderungen an die Bauart**, die für den sicheren Betrieb notwendig ist.

Licht, inkl. UV-Strahlung, lässt sich technisch durch unterschiedliche Methoden erzeugen. Grundsätzlich lassen sich **Temperaturstrahler** wie Glühlampen und Halogenlampen den **Entladungslampen** gegenüberstellen. Bei den Entladungslampen lassen sich in Bezug auf den Druck innerhalb des Entladungskolbens zusätzlich **Hochdruck-** und **Niederdruckentladungslampen** unterscheiden. In Abhängigkeit von dem gewünschten Strahlungsspektrum ist innerhalb der Hoch- und Niederdrucklampen zusätzlich eine Unterscheidung nach den **verwendeten Gasen** möglich, mit denen die Entladungslampen beladen sind. Unabhängig von diesen Unterschieden ist das **Funktionsprinzip der Entladungslampen identisch**. Alle Entladungslampen funktionieren grundsätzlich nach dem gleichen Wirkungsprinzip:

Ein Glaskolben wird an beiden Enden luftdicht verschlossen und mit **Quecksilberdampf** gefüllt. Die Innenseite des Glaskolbens wird mit einem **Leuchtstoff** (daher der Name) beschichtet. Bei den sog. Reflektorlampen wird zusätzlich eine Seite der Lampe auf der Innenseite mit einem Reflektor beschichtet, der dafür sorgt, dass die abgegebene Strahlung vorwiegend in eine Richtung abgestrahlt wird. Durch dieses Bauprinzip lassen sich dichtere Packungen bei den Lampen erzielen und dadurch eine höhere Strahlungsstärke, da der Zwischenraum für durch zu leitende Strahlung, der bei der Verwendung von externen Reflektoren nötig ist, entfällt. In den Glaskolben ragen auf beiden Seiten Elektroden hinein, die durch den anliegenden Strom erhitzt werden und so Elektronen abgeben. Ungefähr 30 % der elektrischen Ladung werden letztendlich in Strahlung umgewandelt. Diese Elektronen treffen innerhalb des Glaskolbens auf die **Quecksilberatome** des Quecksilberdampfes und regen die Elektronen des Quecksilbers an (angeregter Zustand) Fallen diese Elektronen zurück in den Grundzustand, so geben sie dabei Energie in Form von UV-C Strahlung ab. Diese UV-C-Strahlung trifft auf den Leuchtstoff, der sich auf der Innenseite der Lampe befindet und wird durch diesen Leuchtstoff (Phosphor) in länger welliges UV-A und/oder UV-B umgewandelt. Das von der jeweiligen Lampe erzeugte Spektrum wird dabei im Wesentlichen durch die Eigenschaften des **verwendeten Leuchtstoffes** und die **Durchlässigkeit des Glaskolbens** bestimmt. Die Eigenschaften des verwendeten Leuchtstoffes bestimmt auch die Lebensdauer der Lampe, die im Regelfall zwischen 500 und 800 Stunden liegt. Die optimale Betriebstemperatur von Leuchtstofflampen liegt bei ca. **42°C**.

Da durch den verwendeten Leuchtstoff ein definiertes Strahlenspektrum der Lampe erreicht wird und kein schädliches UV-C oder hohe Anteile an Infrarot oder UV-B enthalten sind, kann auf die Verwendung von zusätzlichen Filterscheiben bei Niederdrucklampen **verzichtet** werden. Im weiteren Strahlungsweg wird lediglich eine Acrylglasscheibe zum Schutz der Lampen und des Nutzers bzw. als Liegefläche zwischengeschaltet, die das Strahlenspektrum und die Stärke der Strahlung jedoch nicht wesentlich beeinflusst. Daraus ergibt sich auch zwangsläufig, dass die genaue spektrale Verteilung und die Bestrahlungsstärke erst feststehen, nachdem die erzeugte Strahlung alle optisch wirksamen Bauteile passiert hat. Aus diesem Grund darf sich die Wartung von Solarien und insbesondere bei der Verwendung von Hochdruckstrahlern auch nicht auf die Strahlungsquelle beschränken sondern muss **alle optischen Bauteile** berücksichtigen.

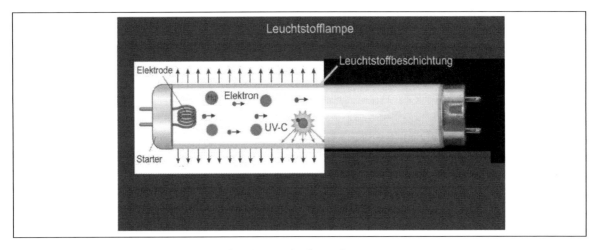

Abbildung 57: Funktionsprinzip der Gasentladungslampe

Abbildung 58: Niederdruckentladungslampe mit defekter Leuchtstoffbeschichtung

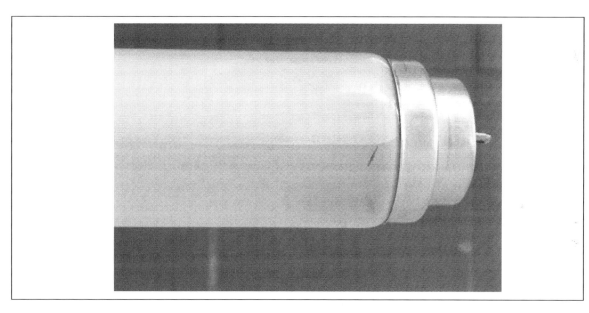

Abbildung 59: Reflektor einer Niederdruckentladungslampe

Bedingt durch genormte geometrische Abmessungen und identischer elektrischer und technischer Kenndaten existieren heute eine Fülle von unterschiedlichen Lampentypen die in Solarien verwendet werden können, die jedoch teilweise extreme unterschiedliche Eigenschaften aufweisen in Bezug auf ausgesendetem Strahlenspektrum, biologischer Wirksamkeit, Lebensdauer und Bestrahlungszeit. Bedingt durch die Begrenzung der Strahlungsstärke auf 0,3 W/m^2 ist jedoch zu erwarten, dass diese Unterschiede in Zukunft eine untergeordnete Stellung einnehmen werden.

Bei den in den Bestrahlungsmodulen des Gesichtsfeldes häufig eingesetzten Hochdrucklampen handelt es sich ebenfalls um Gasentladungslampen, die allerdings in Bezug auf die Niederdrucklampen einige signifikante Unterschiede aufweisen. Der Glaskolben besteht hier im Regelfall aus einem **abgeschlossenen Quarzrohr** (daher der Name Quarzstrahler) in den der Quecksilberdampf mit **hohem Druck** eingebracht wird (daher der Name Hochdruckstrahler). Da neben dem Quecksilberdampf zusätzlich Metallhalogenide in die Lampe gefüllt werden, die erst bei über 600 °C verdampfen, muss der Lampenkolben aus thermisch stabilem Quarzglas bestehen. Die Oberflächentemperatur der Glaskolben erreicht im Betrieb bis zu **900°C**. Durch die Verwendung von Quecksilberdampf unter hohem Druck und der Beimischung von Metallhalogeniden wird im Entladungskolben **nicht nur UV-C-Licht** gebildet (wie im Niederdruckstrahler) **sondern auch UV-A, UV-B, sichtbares Licht (VIS) und langwelliges Infrarot**. Anders als bei den Leuchtstoffröhren befindet sich auf der Innenseite der Glaskolben **keine Leuchtstoffschicht**, die das gebildete Licht in UV-A und UV-B umwandelt, sondern das gebildete Licht kann – nur durch die Eigenschaften des Glaskolbens gefiltert – relativ frei im vollen Spektrum austreten. Die primär erzeugte Strahlung wird direkt genutzt. Damit die Strahlung in die vorgesehene Richtung abgegeben wird, werden **Außenreflektoren** verwendet.

Um die ungewünschten Strahlungsanteile von UV-C und Infrarot sowie das sichtbare Licht und Teile von UV-B abzusondern, werden diese Strahler nur mit **Filterscheiben** betrieben, die die ungewünschte Strahlung herausfiltern. Sind diese Filterscheiben defekt, kann das gesamte Strahlenspektrum auf den Nutzer abgestrahlt werden, was in sekundenschnelle zur sog. „Verblitzung" der Augen führen kann.

Bedingt durch diese Filter haben Hochdrucklampen einen deutlich geringeren Wirkungsgrad als Leuchtstoffröhren und benötigen einige Minuten Anlaufzeit.

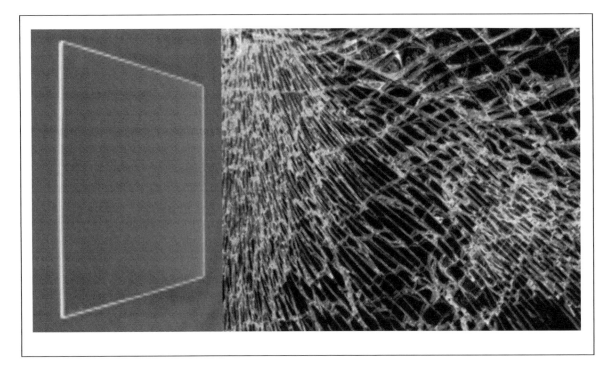

Abbildung 60: Filterscheibe im Neuzustand und „zerbrochen".

Praxishinweis:

Durch die Risse in einer beschädigten Filterscheibe können hohe Dosen UVB und UVC-Strahlung direkt ins Auge des Nutzers gelangen. Dies führt bereits innerhalb weniger Sekunden zu starken Schäden am Auge, die unbedingt vermieden werden müssen. Daraus lassen sich folgende Handlungsempfehlungen ableiten:

1.   Den Nutzer bei der Geräteeinweisung unbedingt darauf hinweisen, dass die Filterscheibe (in seltenen Fällen) auch im laufenden Betrieb (meist mit einem lauten Knall) zerstört werden kann. In diesen Fällen ist die Bestrahlung unverzüglich durch Betätigung der Notabschaltung zu beenden.

2.   Aus 1. Folgt, dass das Gerät über eine funktionierende Notabschaltung verfügen muss, die die Bestrahlung sofort (!) beendet. Die Notabschaltung muss regelmäßig auf ihre Funktion überprüft werden.

3.   Vor (oder nach) jeder Nutzung durch Augenscheineinnahme davon überzeugen, dass die Filterscheiben im UV-Bestrahlungsgerät noch voll einsatzfähig sind. Bei sichtbaren Beschädigungen das Gerät sofort sperren.

Sowohl für Hochdruck- als auch für Niederdruckentladungslampen gilt, dass die Bestrahlungsstärke mit dem **Abstand vom Bestrahlungsmodul** im Regelfall abnimmt. Je weiter die Strahlungsquelle entfernt ist, desto geringer ist die biologisch aktive Strahlung. Aus diesem Grund ist es notwendig, den Abstand zwischen Bestrahlungsmodul und Nutzfläche genau festzulegen, was bei den meisten Solarien durch die Bauart vorgegeben ist, bei Sonnenduschen oder frei stehenden Strahlern jedoch extra geregelt werden muss.

Alterung optisch wirksamer Bauteile

Die optisch wirksamen Bauteile eines Solariums unterliegen einer natürlichen Alterung oder **Abnutzung**, die zu einer Veränderung der optischen und biologischen Eigenschaften des Gerätes führen und deshalb im Sinne der Qualitätssicherung beseitigt werden müssen. Grundsätzlich ist dabei zunächst festzuhalten, dass es physikalisch unmöglich ist, dass durch die Alterung die biologische Wirksamkeit einer Lampe zunimmt. Im Gegenteil. **Jede Strahlungsquelle verliert mit zunehmender Betriebsdauer an Strahlungsleistung**, so dass es nicht zu besorgen steht, dass im Laufe der Nutzung einer Lampe die abgegebene Strahlung die vorgeschriebenen Richtwerte übersteigt.

Die Abnutzungsprozesse in Bezug auf die Filter bestehen meist darin, dass Staubablagerungen oder Oxidationsprozesse der Beschichtungen die **Reflektionseigenschaften** verringern. Bei Filtermaterialien hängen die Abnutzungserscheinungen meist von den verwendeten Materialien ab und führen im Regelfall dazu, dass der Anteil der durchgängigen Strahlung mit zunehmendem Alter der Filter verringert. Bei Leuchtstofflampen beruht die Alterung darauf, dass der Leuchtstoff auf der Innenseite des Glaskolbens sich „verbraucht".

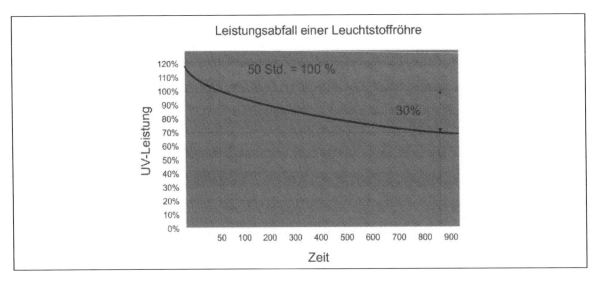

Abbildung 61: Theoretischer Leistungsabfall einer Gasentladungslampe

Gasentladungslampen nach heutigem Standard haben eine **technische Lebensdauer** von bis zu mehreren 1.000 Stunden. Über diesen Zeitraum funktionieren die Lampen – sie leuchten. Diese technische Lebensdauer ist zu unterscheiden von der **Nutzlebensdauer**. Die Nutzlebensdauer gibt an, über welchen Zeitraum die Lampe ihren **biologischen Nutzen** erfüllt, mit anderen Worten, über welchen Zeitraum die Lampe eine ausreichend hohe Strahlungsdosis abgibt um den gewünschten Bräunungseffekt ausreichend zu erzielen. Dieser Zeitraum liegt heute ebenfalls bei ca. 800 bis 1.000 Stunden und hängt neben der Qualität der Lampe vor allem von den Nutzungsbedingungen (Einschalthäufigkeit, Wartung der Vorschaltgeräte, Überlastbetrieb, Überwärmung etc.) ab. Im gewerblichen Bereich sollte eine Lampe nach allgemeiner Empfehlung dann ausgetauscht werden, wenn sie ca. **30 % der Ausgangsleistung verloren** hat. Diese Abnahme der Leistung lässt sich hinreichend genau mit einem UV-Meter bestimmen. Farbunterschiede an den Lampen, Schwärzungen an den Enden oder Wirbelbildungen in den Röhren stellen möglicherweise Hinweise auf ein Erreichen der Nutzlebensdauer dar, sind aber keinesfalls sichere Indizien.

Ad 2.) Sicherheitsrelevante Bauteile, die für den Betrieb der Solarien notwendig sind

In die Gruppe der Bauteile, die für den Betrieb von Solarien notwendig sind, jedoch nicht zu den optisch wirksamen Bauteilen gehören, fallen z.B. die zwingend vorgeschriebene **Notabschaltung** und die **Steuerung**. Funktion und Wartung dieser Bauteile wird im nachfolgenden Kapitel (Betrieb von Solarien) besprochen.

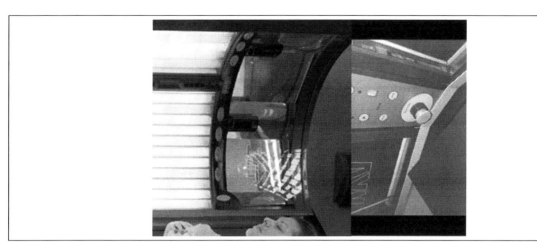

Abbildung 62: Stopptaste und Notabschaltung von unterschiedlichen UV-Bestrahlungsgeräten.

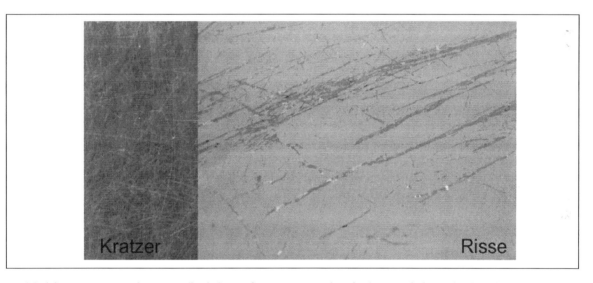

Abbildung 63: Zerkratzte (links) und gerissene (rechts) Acrylglasscheibe (Liegefläche, optisch wirksames Bauteil) eines UV-Bestrahlungsgerätes.

Praxishinweis:

Die Belastbarkeit einer durch Risse (oder starker Kratzer) geschädigten Liegefläche eines UV-Bestrahlungsgerätes lässt sich unter Beachtung von Schutzmaßnahmen (Schutzbrille, sehr dicke Lederhandschuhe mit Schnittschutz) leicht bei den täglichen Sichtkontrollen mechanisch prüfen. Mit steigendem Druck die Liegefläche mit den Händen sehr stark belasten. Wenn die Scheibe bricht, muss das Gerät gesperrt werden.

Ad 3.) Bauteile, die dem zusätzlichen Komfort des Nutzers dienen

Diese Bauteile sind für den Betrieb des Solariums **entbehrlich** und dienen ausschließlich dem **Komfort des Nutzers** während der Bestrahlung. Aus Gründen der Qualitätssicherung unterliegen auch diese Baugruppen einer regelmäßigen Wartung und Instandhaltung.

3.1.2   Betrieb von Solarien

An den Betrieb von Solarien werden von Nutzer- und Anbieterseite mindestens vier Anforderungen gestellt, die durch das Pflege- und Wartungsverhalten des Anbieters maßgeblich beeinflusst werden können:

1.   **Störungsfreie Funktion**
2.   **Hoher Wirkungsgrad**
3.   **Lange Nutzlebensdauer**
4.   **Risikoarme Bestrahlung**

Störungsfreie Funktion, hoher Wirkungsgrad und lange Lebensdauer

Gasentladungslampen benötigen für ihren störungsfreien Betrieb eine auf die jeweilige Lampe **abgestimmte Betriebstemperatur**. Leuchtstofflampen haben eine optimale Betriebstemperatur von etwa 42°C. Hochdrucklampen haben eine Betriebstemperatur von 750 bis 900°C. Werden diese Temperaturen nicht eingehalten sondern unter- oder überschritten, so geht dies zu Lasten des Wirkungsgrades und der Nutzlebensdauer der Lampen. Aus diesem Grund ist es im Interesse des Anbieters und des Nutzers, dass die **Funktionsparameter der Beleuchtungsmodule** in regelmäßigen Abständen kontrolliert und ggf. korrigiert werden.

Um eine optimale Betriebstemperatur der Beleuchtungsmodule sicher zu stellen und den Nutzer durch die Infrarotstrahlung nicht zu stark mit Wärme zu belasten verfügen Solarien über **effiziente Kühlsysteme**, die aus zwei Gründen notwendig sind:

1.   Durch die Kühlung wird gewährleistet, dass die Beleuchtungsmodule eine **optimale Betriebstemperatur** besitzen und damit der Wirkungsgrad der Lampen am höchsten ist.
2.   Durch die abgestrahlte Infrarot und UV-A-Strahlung die Haut des Nutzers so stark erwärmt werden kann, dass dies als unangenehm empfunden wird und einer **Kühlung** bedarf.

Risikoarme Bestrahlung

Im Interesse einer risikoarmen Bestrahlung ist es insbesondere bei der Verwendung von Hochdrucklampen zwingend notwendig, die verwendeten **Filter auf Sicherheit und Funktion** in regelmäßigen Abständen zu prüfen. Dies begründet sich zum einen in der **hohen Temperatur** der Hochdrucklampen und zum anderen **im Strahlungsspektrum**, dass diese Lampen abgeben (UV-A, UV-B, UV-C, VIS, IR), dass durch den Filter auf die gewünschte Wellenlänge und Intensität „gedrosselt" wird. **Ist der Filter defekt, kann dies innerhalb weniger Sekunden zu Schädigungen der Augen führen**.

Bei Niederdrucklampen ist eine Verwendung von Filtern im Regelfall nicht notwendig, da durch den Leuchtstoff die Wellenlänge und die Intensität der Strahlung angepasst werden. Vor der täglichen Inbetriebnahme des Gerätes ist demnach mindestens eine **Sichtkontrolle** der optisch wirksamen Bauteile und der sicherheitsrelevanten Bauteile der Solarien notwendig (Augenscheineinnahme).

Praxishinweis:

Auch Niederdruckentladungslampen können eine Gefahrenquelle darstellen, wenn die Beschichtung auf der Innenseite (Leuchtstoffbeschichtung) ungleichmäßig aufgetragen oder beschädigt ist. Deshalb beim Röhrenwechsel sorgfältig kontrollieren, ob die Beschichtung der Röhren gleichmäßig und vollständig ist.

Die Sichtkontrolle beinhaltet damit mindestens diese Punkte: Hochdruckbrenner, Niederdruckentladungslampen, Filterscheiben, Acrylglasliegefläche, Notabschaltung (Funktionsprüfung), Steuerung (Funktionsprüfung) und Hebemechanik des Oberteils (Funktionstest).

3.1.3   Kennzeichnung einer Sonnenbank

Mit dem in Kraft treten der UV-Schutzverordnung und dem gleichzeitigen Scheitern des freiwilligen Zertifizierungsverfahrens für Sonnenstudios unterliegen Solarien einer Kennzeichnungspflicht, die in der UV-Schutz-Verordnung geregelt ist. Bedingt durch die Reduzierung der Bestrahlungsstärke von Solarien auf 0,3 W / m^2 beschränkt sich die Kennzeichnung von Solarien auf die nachfolgenden Punkte (anders als in der UV-Fibel angegeben), die **dauerhaft, deutlich sichtbar und deutlich lesbar** am Gerät angebracht sein müssen:

Abbildung 64: Geräteaufkleber „Warnhinweis"

1. Angaben zur **maximalen Bestrahlungsdauer** der ersten Bestrahlung ungebräunter Haut für die Hauttypen I bis VI.
2. Angaben zur **Höchstbestrahlungsdauer** für die Hauttypen I bis VI
3. Angabe, dass ein UV-Bestrahlungsgerät von Personen mit Hauttyp I und II nicht benutzt werden sollte (**Ausschlusskriterium**)
4. **Warnhinweis** mit folgendem oder sinngemäßen Inhalt:

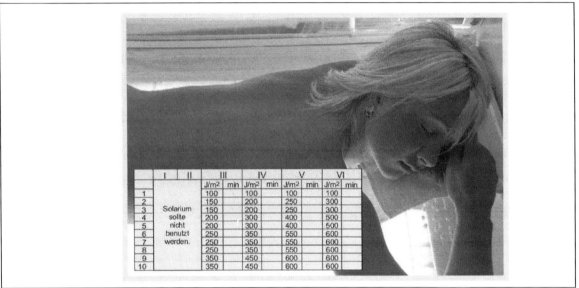

Abbildung 65: Geräteaufkleber „Dosierungsplan"

Umrechnung von Dosis in Zeit

Unter der Dosis (H, in J/m^2) eines Solariums versteht man die „Strahlungsmenge", die während der Bestrahlungsdauer die bestrahlte Fläche erreicht. Die Dosis errechnet sich aus der Bestrahlungsstärke und der Bestrahlungsdauer und wird in der Maßeinheit $[J/m^2]$ (Joule pro qm) angegeben. Dabei gilt, dass 1J = 1 Ws (Wattsekunde) ist. Eine Dosis von 1 J/m^2 entspricht demnach einer Bestrahlungsstärke von 1 W/m^2, die 1 Sekunde lang einwirkt.

Nach dem Einbrennen der Lampe kann unter der Annahme konstanter Betriebsbedingungen die Bestrahlungsstärke im Solarium als zeitlich annähernd konstant angesehen werden. Für diesen speziellen Fall kann die Dosis aus dem Produkt von Bestrahlungsstärke und Expositionsdauer bestimmt werden. Daraus folgt:

Dosis (H) in $[J/m^2]$ = Bestrahlungsstärke (E) in $[W/m^2]$ x Expositionsdauer (t) in [s]

H = E x t

(Dosis = Bestrahlungsstärke x Zeit)

Diese Beziehung ist die Grundlage der Dosierung im Solarium. Durch Umstellen ergibt sich:

t = H / E

Zeit = Dosis / Bestrahlungsstärke

Beträgt die Bestrahlungsstärke 0,3 Watt pro Quadratmeter und die Dosis 100 Joule pro Quadratmeter, ergibt sich:

$$t = \frac{100 \text{ J/m}^2}{0,3 \text{ W/m}^2}$$

Da 1 Joule einer Wattsekunde entspricht, ergibt sich daraus:

$$t = \frac{100 \text{ Ws/m}^2}{0,3 \text{ W/m}^2}$$

Entsprechend: $t = 100 / 0,3 = 333,33$ s

Umgerechnet in Minuten: $t = 333,33$ s $/ 60 = 5,56$ min $=$ ca. 5:30 min

Mit anderen Worten lässt sich die Bestrahlungszeit (t) in einem Solarium mit einer maximalen erythemwirksamen Bestrahlungsstärke von 0,3 Watt/m² und einer Dosis von 100 Joule errechnen durch:

$$t = 100 \text{ Joule/m}^2 / 0,3 \text{ Watt/m}^2 / 60$$

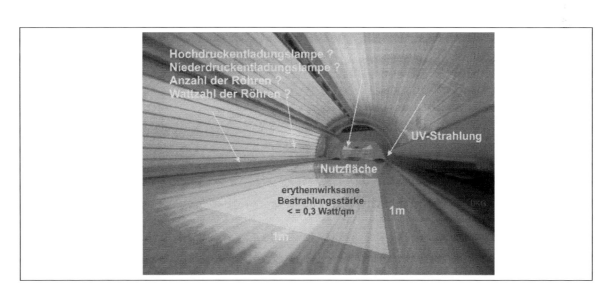

Abbildung 66: Erythemwirksame Bestrahlungsstärke von 0,3 Watt pro Quadratmeter

---

Praxishinweis:

Die erythemwirksame Bestrahlungsstärke eines UV-Bestrahlungsgerätes darf 0,3 Watt pro Quadratmeter nicht überschreiten. Allerdings ist es möglich, Geräte mit einer geringeren Bestrahlungsstärke zu betreiben. Sofern die Geräte in einem Sonnenstudio unterschiedlich stark sind (z.B. 0,24 und 0,3 W/m²) muss auch der auf dem gerät angebrachte Geräteaufkleber „Dosierungsplan" unterschiedliche Zeiten ausweisen! Nur bei identischen Geräten kann der Dosierungsplan auch identisch sein und umgekehrt.

3.1.4   Einzuhaltende Gerätestandards

Im Interesse der Sicherheit der Nutzer, der **Qualitätssicherung** durch den Betreiber und zur Abwehr möglicher Haftungsrisiken werden an die zur öffentlichen Nutzung zur Verfügung gestellten Solarien definierte Gerätestandards gestellt. Diese Gerätestandards sind nicht nur durch die Hersteller zu erfüllen sondern liegen insbesondere auch in dem Verantwortungsbereich des Betreibers, wobei die Grenzen teilweise fließend sind und ineinander übergehen. Die UVSV fordert folgende Gerätestandards:

Wer ein UV-Bestrahlungsgerät betreibt, hat sicherzustellen, dass

1. im Wellenlängenbereich von 250 bis 400 Nanometern der Wert der erythemwirksamen Bestrahlungsstärke von **0,3 Watt pro Quadratmeter** nicht überschritten wird,

2. im Wellenlängenbereich von 200 bis 280 Nanometern der Wert der gesamten Bestrahlungsstärke **von 3 x 10^{-3} Watt pro Quadratmeter** nicht überschritten wird.

3. bei der Bestrahlung von Nutzerinnen und Nutzern mit einem UV-Bestrahlungsgerät, das bauartbedingt variable Entfernungen der bestrahlten Person zum Gerät zulässt, der erforderliche **Mindestabstand** eingehalten wird; dies kann etwa durch eine Markierung oder eine bauliche Maßnahme gewährleistet werden,

4. das UV-Bestrahlungsgerät über eine **Notabschaltung** abgeschaltet werden kann, die die Strahlung sofort beendet und von der Nutzerin oder dem Nutzer während der Bestrahlung leicht erreicht werden kann,

Abbildung 67: Vorbildliche Notabschaltung eines AYK-Bestrahlungsgerätes (Bild rechts).

5. sich bei einer erythemwirksamen Bestrahlung von mehr als 800 Joule pro Quadratmeter das UV-Bestrahlungsgerät selbst abschaltet (**Zwangsabschaltung**),

6. eine erythemwirksame Bestrahlung von maximal **100 Joule pro Quadratmeter** eingestellt werden kann,

7. die **Wartung** und die **Prüfung** der Einhaltung der Anforderungen des Absatzes 1 und der Nummern 1 bis 5, insbesondere die Prüfung der Sicherheitseinrichtungen und soweit erforderlich eine Messung der Bestrahlungsstärke, durch **fachkundiges Personal** unter Berücksichtigung der Betriebs- und Wartungsanleitung des Herstellers durchgeführt und im Betriebsbuch nach Anlage 4 dokumentiert werden; die Betriebs- und Wartungsanleitung ist in dem Geräte- und Betriebsbuch beizufügen, und

8. die im **Geräte- und Betriebsbuch** nach Anlage 4 geforderten An- gaben und Unterlagen vollständig sind und auf dem jeweils aktuellen Stand gehalten werden.

Wer ein UV-Bestrahlungsgerät betreibt, hat der zuständigen Behörde auf Verlangen nachzuweisen, dass die Anforderungen nach den Absätzen 1 und 2 erfüllt sind.

Berechnung der erythemwirksamen Bestrahlungsstärke

Die sog. Erythemwirksame Bestrahlungsstärke ist die Summation des Produktes aus gemessener spektraler Bestrahlungsstärke in Watt pro Quadratmeter und Nanometer, dem jeweiligen wellenlängenabhängigen Wichtungsfaktor für das UV-Erythem nach Anlage 2 und dem jeweiligen Intervall der Wellenlänge in Nanometern, wobei gilt, dass der Intervall der Wellenlänge kleiner als 2,5 Nanometer ist, über den Wellenlängenbereich von 250 bis 400 Nanometer.

Praxishinweis:

In den Geräte- und Betriebsbüchern einiger Hersteller finden sich neben der erythemwirksamen Bestrahlungsstärke des Gerätes häufig auch vorausgefüllte Dosierungspläne. Sehr häufig sind die im Dosierungsplan eingetragenen Zeiten falsch! Beispiel: Das Gerät hat lt. Herstellerangabe eine erythemwirksame Bestrahlungsstärke von 0,24 W/m². Die Erstbestrahlung von 100 Joule entspricht demnach einer Zeit von 6,94 min (und nicht 5 oder 5:30 min). Im sehr unwahrscheinlichen aber denkbar schlechtesten Fall wird mit einer Bestrahlung von „nur" 5 min in der Testbestrahlung ein vorliegendes Problem nicht erkannt, weil die Schwellendosis nicht erreicht wird.

Deshalb immer die Werte im Geräte und Betriebsbuch nachrechnen!

Die Notabschaltung muss die Strahlung **sofort (!)** beenden, und nicht erst nach ein paar Sekunden! Stopptasten mit programmierter Verzögerung sind keine Notabschaltungen.

3.1.5 Zusammenfassung und Merksätze

Bei den Bauteilen eines Solariums unterscheidet man zwischen optisch wirksamen Bauteilen (UV-Strahlenquelle, Reflektoren, Filterscheiben, Acrylglasscheiben), Bauteilen die für den Betrieb des Solariums nötig sind (inkl. sicherheitsrelevanter Bauteile: Notausschalter, Steuerung) und Bauteilen die dem Komfort des Nutzers dienen. Den optisch wirkenden Bauteilen und den sicherheitsrelevanten Bauteilen kommt die größte Bedeutung zu.

Die gewünschte UV-A und UV-B Strahlung wird in einem Solarium durch Niederdruck oder Hochdruck Entladungslampen erzeugt. Die erzeugten Spektren sind unterschiedlich. Hochdruckentladungslampen benötigen Temperaturen von bis zu 900°C und erzeugen eine sehr starke Strahlung inkl. UV-C und müssen deshalb durch effektive Filterscheiben abgeschirmt werden. Ist dieser Filter defekt, kann der Kunde in wenigen Sekunden einen erheblichen Schaden erleiden.

Die optisch wirksamen Bauteile eines Solariums unterliegen einer natürlichen Alterung oder Abnutzung, die zu einer Veränderung der optischen und biologischen Eigenschaften des Gerätes führen. Jede Strahlungsquelle verliert mit zunehmender Betriebsdauer an Strahlungsleistung, so dass ab einem bestimmten Leistungsverlust die Strahlungsquelle erneuert werden muss.

An den Betrieb von Solarien werden von Nutzer- und Anbieterseite mindestens vier Anforderungen gestellt: störungsfreie Funktion, hoher Wirkungsgrad, lange Nutzlebensdauer und risikoarme Bestrahlung. Mit Blick auf die Sicherheit des Kunden kommt der risikoarmen Bestrahlung die größte Bedeutung zu.

Eine risikoarme Bestrahlung wird durch die Wartungs- und Kontrollintervalle der Betreiber und die Regelungen der UV-Schutz-Verordnung sichergestellt (Gerätekennzeichnung und Gerätestandards).

3.1.6   Lernzielkontrollfragen

1. **Welche Bauteile eines UV-Bestrahlungsgerätes sind optisch wirksam?**
   - o   Filterscheibe, Leuchtstofflampen und Acrylglasscheiben
   - o   Filterscheibe, Reflektoren und Vorschaltgerät
   - o   Filterscheibe, Nutzebene und Notabschaltung

2. **Was sind die wesentlichen Unterschiede zwischen einem Hochdruckstrahler (Hochdruckbrenner) und einer Niederdruckentladungslampe?**
   - o   Größe, Stromverbrauch und Preis
   - o   Es gibt keinen Unterschied, beide Lampentypen geben in der Sonnenbank bei richtiger Verwendung die gleiche Strahlung ab (0,3 W/m²))
   - o   Betriebstemperatur, die Leuchtstoffbeschichtung und das Material der Röhre.

3. **Was versteht man unter der Kennzeichnungspflicht von UV-Bestrahlungsgeräten im Sinne der UV-Schutz-Verordnung?**
   - o   Aushang in der Kabine (Verbraucherinformation)
   - o   Warnhinweis und Dosierungsplan als Aufkleber (deutlich sichtbar, deutlich lesbar, dauerhaft) auf dem Gerät.
   - o   Aushang im Geschäftsraum (Ausschlusskriterien)

4. **Welche Anforderungen werden aus der UV-Schutz-Verordnung an UV-Bestrahlungsgeräte für den kosmetischen Einsatz am Menschen zu gewerblichen Zwecken gestellt?**
   - o   Reduzierte erythemwirksame Bestrahlungsstärke (0,3 W/m²), Mindestabstand zwischen Nutzer und Strahlenquelle, Notabschaltung, Zwangsabschaltung, Einsatz von Fachpersonal, Führung eines Geräte- und Betriebsbuches und Möglichkeit der Erstbestrahlung von 100 J/m².
   - o   Reduzierte Bestrahlungsstärke (0,3 W/m²), Mindestabstand zwischen Nutzer und Strahlenquelle, Stopptaste, Zwangsabschaltung, Einsatz von Fachpersonal, Führung eines Geräte- und Betriebsbuches und Möglichkeit der Erstbestrahlung von 100 J/m².
   - o   Reduzierte erythemwirksame Bestrahlungsstärke, Mindestabstand zwischen Nutzer und Strahlenquelle, Notabschaltung, Zwangsabschaltung, Einsatz von Fachpersonal, Führung eines Geräte- und Betriebsbuches und Möglichkeit der Erstbestrahlung von 5:30 min.

5. **Woran kann der Nutzer eines UV-Bestrahlungsgerätes die tatsächliche erythemwirksame Bestrahlungsstärke des UV-Bestrahlungsgerätes erkennen?**
   - o   Am Geräteaufkleber "Warnhinweis" mit den enthaltenden Informationen für den Nutzer.
   - o   An den Ausschlusskriterien auf dem "Aushang in der Kabine"
   - o   Am Geräteaufkleber "Dosierungsplan" mit den enthaltenen, individuellen Bestrahlungszeiten.

6. **Im Beratungsgespräch erklärt der Mitarbeiter des Sonnenstudios, dass die UV-Bestrahlungsgeräte unterschiedlich stark sind (0,24 - 0,3 W/m² erythemwirksame Bestrahlungsstärke). Die Bestrahlungszeiten in Minuten lt. der ausgehängten Kundeninformationen sind jedoch in allen Kabinen gleich. Wie ist dieser Widerspruch zu erklären?**

   o Die erythemwirksame Bestrahlungsstärke eines UV-Bestrahlungsgerätes ergibt sich aus der Summe der "Wattzahl" der verbauten Leuchtstoffröhren und Hochdruckstrahler.

   o Die erythemwirksame Bestrahlungsstärke eines Gerätes ergibt sich nur aus der Anzahl der verbauten Röhren und ist deshalb bei gleichen Bestrahlungszeiten unterschiedlich.

   o Entweder ist die Aussage des Mitarbeiters falsch oder die Geräteaufkleber mit den Bestrahlungszeiten in Minuten.

7. **Warum muss die Liegefläche eines UV-Bestrahlungsgerätes in regelmäßigen Abständen nach Vorgabe des Herstellers auch ohne erkennbare Schäden ausgetauscht werden?**

   o Die Liegefläche unterliegt durch die anhaltende UV-Bestrahlung einer Materialermüdung und verliert so die notwendige Tragkraft, so dass der Kunde durchbrechen und sich verletzen könnte.

   o Die Wartungsintervalle werden von der Herstellerindustrie aus eigenwirtschaftlichen Interessen kurz gewählt, damit neue Liegeflächen gekauft werden müssen.

   o Die Liegefläche bekommt durch die häufige Nutzung zahlreiche kleine Spannungsrisse, die dazu führen, dass die UV-Strahlung die Liegefläche nicht mehr passieren kann. Das Bräunungsergebnis für den Kunden wird so inakzeptabel.

8. **Welche Anforderungen werden an die Notabschaltung eines UV-Bestrahlungsgerätes nach UV-Schutz-Verordnung gestellt?**

   o Das UV-Bestrahlungsgerät muss über eine Notabschaltung abgeschaltet werden können, die die Strahlung sofort beendet und vom Nutzer während der Bestrahlung leicht zu erreicht ist.

   o Das UV-Bestrahlungsgerät muss über eine Stopptaste abgeschaltet werden können, die die Strahlung beendet und vom Nutzer während der Bestrahlung leicht zu erreicht ist.

   o Das UV-Bestrahlungsgerät muss über eine Notabschaltung abgeschaltet werden können, die die Strahlung beendet und vom Nutzer während der Bestrahlung zu erreicht ist.

9. **Bei welcher erythemwirksamen Bestrahlungsstärke in Joule muss sich das UV-Bestrahlungsgerät selbst durch die installierte Zwangsabschaltung abschalten?**

   o Bei mehr als 800 Joule

   o Nach 33 Minuten (500 Joule)

   o Nach 44 Minuten (ca. 700 Joule)

10. Für die Testbestrahlung (Erstbestrahlung) muss die erythemwirksame Bestrahlungsstärke auf 100 Joule eingestellt werden können. Bei einem UV-Bestrahlungsgerät mit einer erythemwirksamen Bestrahlung von 0,23 W/m² entspricht dies welcher Bestrahlungszeit in Minuten?

- o   ca. 5:30 min
- o   ca. 6:00 min
- o   ca. 7:00 min

3.2   Zuständigkeit und Gerätewartung

3.2.1   Gerätewartung

Um die Einhaltung der geforderten Qualitätskriterien zu erhalten sowie eine lange Nutzungsdauer der Geräte sicher zu stellen, ist eine **regelmäßige Pflege und Wartung** der Geräte sowie **Kontrolle der vorhandenen Funktionen** notwendig. Dazu sind vom Gerätehersteller geeignete Informationen in der Gebrauchsanleitung zur Verfügung zu stellen.

An die Wartungs-, Pflege und Kontrollmaßnahmen sind folgende Anforderungen zu stellen:

1.   Die Wartungs-, Kontroll- und Pflegearbeiten sind durch **fachkundiges und bevollmächtigtes Personal** durchzuführen.
2.   **Wartungsintervalle und Wartungsarbeiten** sind im Betriebsbuch zu dokumentieren.
3.   Das Ergebnis der Wartungs- und Reparaturarbeiten ist mit Datum, Art der Maßnahme und der ggf. ausgewechselten Bauteile im Betriebsbuch zu **dokumentieren.**

Zu den regelmäßig durchzuführenden Wartungs-, Pflege und Kontrollmaßnahmen gehören **mindestens**:

➢   Die **tägliche Kontrolle** der Geräte vor Inbetriebnahme auf sichtbare Schäden an Lampen, Filtern, Reflektoren, Acrylglasscheiben, Steuerung oder sicherheitsrelevanten Teilen (**Augenscheineinnahme**)
➢   Die **regelmäßige Inspektion und Funktionskontrolle** der Geräte (insbesondere der sicherheitsrelevanten Bauteile). Achtung! Schutzbrille tragen! Die Zeitabstände der Kontrollen entsprechen dabei mindestens den Vorgaben der Hersteller. Bei stark frequentierten Geräten können kürzere Intervalle nach billigem Ermessen des Betreibers notwendig werden.
➢   Die **regelmäßige Reinigung/Desinfektion** der Geräte und Kabinen. Die Zeitintervalle richten sich im Wesentlichen nach den Nutzungsintervallen. Hohe Nutzungsintervalle erfordern eine höhere Reinigung und damit kürzere Zeitintervalle (Zwischenreinigungen). Als Mindeststandard kann die tägliche Reinigung angesehen werden.
➢   Die **Desinfektion (und Reinigung) der Auflageflächen** nach jeder Nutzung des Bestrahlungsgerätes. (Ausnahme bei Verwendung anderer Maßnahmen (Einmalfolie)).

➢ Wartungs- und Reparaturarbeiten sind so durchzuführen, dass nach vollzogener Arbeit der **ursprüngliche Zustand** wieder hergestellt ist.

➢ Sofern optisch Wirksame Bauteile gewechselt werden, sind **Originalteile** oder Teile mit **Äquivalenzbescheinigung** zu verwenden.

➢ Verbrauchte Gasentladungslampen enthalten Quecksilber und sind deshalb als **Sondermüll** zu entsorgen. Die Entsorgung mit dem Hausmüll ist strafbar. Der ZVEI (Zentralverband Elektronik- und Elektroindustrie e.V.) verfügt über eine Liste der in Deutschland bekannten Entsorgungsunternehmen für Entladungslampen.

➢ Die vorgegebenen Wartungsintervalle der Hersteller sind einzuhalten (**Liegeflächen tauschen!**).

Abbildung 68: Gebrochene Liegefläche einer Sonnenbank.

Abbildung 69: Gebrochene Leuchtstoffröhre in Folge einer zerbrochenen Liegefläche.

Praxishinweis:

Da alle Wartungsarbeiten und Wartungsintervalle nebst Reparaturen etc. ins Geräte- und Betriebsbuch der UV-Bestrahlungsgeräte eingetragen werden müssen, kann es nur in sehr seltenen Ausnahmefällen vorkommen, dass diese Bücher keine Eintragungen enthalten (neues Buch und/oder neues Gerät). Ein ordnungsgemäß geführtes Geräte- und Betriebsbuch enthält zahlreiche Eintragungen inkl. Kopien der Zertifikate des Fachpersonals für UV-Bestrahlungsgeräte.

3.2.2   Zusammenfassung und Merksätze

Um die Einhaltung der geforderten Qualitätskriterien zu erhalten sowie eine lange Nutzungsdauer der Geräte sicher zu stellen, ist eine regelmäßige Pflege und Wartung der Geräte sowie Kontrolle der vorhandenen Funktionen notwendig.

Zu den regelmäßigen Pflege- und Kontrollmaßnahmen gehören:
- tägliche Augenscheineinnahme vor Inbetriebnahme
- halbjährliche Inspektion und Funktionskontrolle
- tägliche Reinigung und Desinfektion
- Desinfektion der Liegefläche nach jeder Nutzung
- Reparatur mit Originalteilen oder Äquivalenzteilen
- vorgeschriebene Entsorgung verbrauchter Entladungslampen

3.2.3   Lernzielkontrollfragen

1. **Durch wen dürfen Wartungs-, Pflege- und Kontrollarbeiten an UV-Bestrahlungsgeräten durchgeführt werden?**
   o   Durch die Mitarbeiter des Sonnenstudios.
   o   Nur durch die Techniker der Hersteller.
   o   Nur durch fachkundiges und bevollmächtigtes Personal.

2. **Welche Kontrollarbeiten sollten täglich vor der Inbetriebnahme des UV-Bestrahlungsgerätes durchgeführt werden?**
   o   Augenscheineinnahme (Sichtkontrolle) von optisch wirksamen Bauteilen.
   o   Augenscheineinnahme (Sichtkontrolle) von optisch wirksamen Bauteilen und den Bauteilen, die dem Komfort des Kunden dienen (Klimaanlage, Lüftungsanlage, Musikanlage, Beduftung etc.).
   o   Augenscheineinnahme (Sichtkontrolle) von optisch wirksamen Bauteilen und sicherheitsrelevanten Bauteilen.

3. **Wer gibt dem Betreiber von UV-Bestrahlungsgeräten die Wartungsintervalle und Wartungsarbeiten vor?**
   o   UV-Schutz-Verordnung
   o   Sicherheitsdatenblatt der Berufsgenossenschaften
   o   Hersteller

4. **Welche der aufgeführten Wartungs-, Pflege- und Kontrollmaßnahmen sind mindestens regelmäßig durchzuführen?**
   o Sichtkontrolle der optisch wirksamen und sicherheitsrelevanten Bauteile, regelmäßige Funktionskontrollen, regelmäßige Reinigung, Desinfektion der Liegefläche nach jeder Nutzung.
   o Funktionskontrolle der optisch wirksamen und sicherheitsrelevanten Bauteile, regelmäßige Reinigung, Desinfektion der Liegefläche nach jeder Nutzung.
   o Sichtkontrolle der sicherheitsrelevanten Bauteile, regelmäßige Funktionskontrollen, regelmäßige Reinigung, Desinfektion der Liegefläche nach jeder Nutzung.

5. **Bei der täglichen Sichtkontrolle vor Inbetriebnahme des UV-Bestrahlungsgerätes wird ein kleiner Riß in der Liegefläche des Gerätes festgestellt. Was ist zu veranlassen?**
   o Warnhinweis für den Nutzer anbringen und neue Liegefläche bestellen.
   o Den Riß mit Acrylharz verschließen und die Oberfläche der Bruchkanten glätten.
   o Gerät unverzüglich sperren und die Liegefläche austauschen.

6. **Die Filterscheibe des UV-Bestrahlungsgerätes wurde unsachgemäß gereinigt und zeigt "Wischspuren" in der Beschichtung. Was ist zu veranlassen**
   o Gerät sperren und Filterscheibe tauschen.
   o Bestrahlungszeiten reduzieren und auf den Einsatz neuer Röhren hinweisen.
   o Strahler im Gesichtsbereich des Gerätes entfernen oder den Kunden darauf hinweisen, nach kurzer Bestrahlungszeit die Gesichtsbrenner abzuschalten.

7. **Beim Öffnen und Schließen des UV-Bestrahlungsgerätes "ruckelt" der Deckel. Was ist zu veranlassen?**
   o Zeitnahe Kontrolle der gesamten Hebemechanik um ein Absacken des Oberteils (Fluter) zu verhindern.
   o Reparaturauftrag ins Geräte- und Betriebsbuch eintragen.
   o Gerät reinigen und die Hebemechanik leicht ölen.

8. **Beim Röhrenwechsel der Leuchtstoffröhren stellen Sie fest, dass die Beschichtung der Röhren auf der Innenseite ungleichmäßig und fehlerhaft ist. Was ist zu veranlassen?**
   o Die Beschichtung auf der Innenseite der Leuchtstoffröhre ist ohne Funktion. Der Mangel ist ungefährlich.
   o Die Röhre "umgekehrt" einbauen, damit sie vom Körper des Nutzers weg strahlt. (ins Gerät) Betroffenen Röhren auswechseln und durch neue Röhren ersetzen.

9. **Die Stopptaste des UV-Bestrahlungsgerätes ist mit einer Zeitverzögerung programmiert, damit bei versehentlicher Nutzung das Gerät nicht sofort abschaltet. Was ist davon zu halten?**
   o Eine zeitliche Verzögerung von bis zu acht Sekunden bis zur Abschaltung der Bestrahlung wird von den Vollzugsbehörden akzeptiert.
   o Die Stopptaste soll im Notfall die Bestrahlung sofort beenden. Die Programmierung ist zu ändern. Das Gerät ist zu sperren.
   o Es ist ausreichend, wenn die Bestrahlung im Notfall nach ein paar Sekunden beendet wird.

10. **In welchen Zeitabständen sind neben den Sichtkontrollen auch noch Funktionsüberprüfungen des UV-Bestrahlungsgerätes sinnvoll?**
    o In jedem Fall nach den Vorgaben der Hersteller und bei schwach frequentierten Geräten in längeren Intervallen.
    o Täglich vor Inbetriebnahme um feststellen zu können, ob z.B. Leuchtstoffröhren defekt sind.
    o Nach den Vorgaben der Hersteller.

3.3   Inhalte Geräte- und Betriebsbuch

3.3.1   Gerätebuch

Das Gerätebuch ist vom <u>Betreiber</u> auszufüllen

Genaue Bezeichnung des Solariums

Hersteller: ....
Importeur/Inverkehrbringer: ....
Typ/Modell: ....
Baujahr: ....
Seriennummer: ....

Abbildung 70: Muster eines Geräte- und Betriebsbuches.

GERÄTE- UND BETRIEBSBUCH

Als Basis für die strahlenphysikalischen Angaben, Messwerte sind folgende Dokumente heranzuziehen: DIN EN 60335-2-27 /VDE 0700-27; Ausgabe April 2009 und DIN 5050-1; Ausgabe Januar 2010 (beide über die Verlag GmbH oder die Beuth Verlag GmbH, beide Berlin, zu beziehen und beim Deutschen Patent- und Markenamt rechtmäßig gesichert niedergelegt).

GERÄTEBUCH Das Gerätebuch ist vom Betreiber auszufüllen.

Angaben zum Bestrahlungsgerät

Hersteller:	Ergoline (JK-Products GmbH/Rottbitzer Strasse69/53604 Bad Honnef/Germany)		
Inverkehrbringer:			
Geräte- Typ/Modell:	Ergoline 600 Turbo Power		
Baujahr:	1998	Serien Nr.:	416934

Geräteklassifizierung nach DIN EN 60335-2-27 für: [X] 0,3 W/m² ☐ UV-Type 2 ☐ UV-Type 3 ☐ UV-Type 4

Optisch wirksame Bauteile des UV-Bestrahlungsgerätes :

Bezeichnung:		Art.Nr.	Stk.
UV-Niederdruckröhren: / UV low-pressure lamps:	Max WARP 800 X-TEND PLUS 0.3 160W R	208317	50
	MAX WARP 800 X-TEND 0.3 25W	208300	5
UV-Hochdruckstrahler: / UV high-pressure lamps:	BLUE LINE X-TEND 0.3 500 E (Ultra)	100831	4
Filterscheiben: / Filter panels:	VIT 2.3	51407	4
Reflektoren: / Reflectors:	Gerät / Unit	51554	4
Vorschaltgeräte: /Ballasts:	140 W, 230 V, 50 Hz	11031	62
	80 W, 230 V, 50 Hz	10022	4
	25 W, 230 V, 50 Hz	11124	5
Acrylglasscheiben / Acrylic glass panels	Oberteil / canopy: 3 mm	84134	1
	Oberteil / canopy: 3 mm	84133	1
	Seitenteil / side section [X] Schulterbräuner/shoulder tan ☐ 3 mm	84126	1
	Unterteil / base: 8 mm	84226	1
	Zwischenscheibe / partition: 3 mm	84127	1

Kürzester zulässiger Bestrahlungsabstand: / Shortest recommended exposure distance: ___ cm
[X] durch die Bauart des UV-Bestrahlungsgerätes vorgegeben. / specified by the design of the UV-radiation system.

HINWEIS: / Note:

Erythemwirksame Bestrahlungsstärke beim kürzesten zulässigen Bestrahlungsabstand: /
Erythemal weighted irradiance at the shortest recommended exposure distance:

Eer gesamt. / Eer total:	max. 0,3 W/m²	Messverfahren gemäß:	IEC 60335-2-27
Eer < = 320 nm:	W/m²	Measuring procedure in	
Eer > = 320 nm:	W/m²	accordance with:	

Höchstbestrahlungsdauer beim kürzesten zulässigen Bestrahlungsabstand

| | | Höchstbestrahlungsdauer in Minuten | |
	Höchstbestrahlungsdauer in Minuten für max. 0,3W/m²		Höchstbestrahlungsdauer in Minuten
	Erythemwirksame Bestrahlung in J/m²		
Erste Bestrahlung ungebräunter Haut	100	5 min 33 sek.	~
Bestrahlungsstufe im Dosierungsplan	150	8 min 19 sek.	~
Bestrahlungsstufe im Dosierungsplan	200	11 min 6 sek.	~
Bestrahlungsstufe im Dosierungsplan	250	13 min 52 sek.	~
Bestrahlungsstufe im Dosierungsplan	300	16 min 39 sek.	~
Bestrahlungsstufe im Dosierungsplan	350	19 min 26 sek.	~
Bestrahlungsstufe im Dosierungsplan	400	22 min 13 sek.	~
Bestrahlungsstufe im Dosierungsplan	450	25 min 00 sek.	~
Bestrahlungsstufe im Dosierungsplan	500	27 min 46 sek.	~
Bestrahlungsstufe im Dosierungsplan	550	30 min 33 sek.	~
Bestrahlungsstufe im Dosierungsplan	600	33 min 19 sek.	~
Zwangsabschaltung	800	44 min 26 sek.	~

Notabschaltung ist vorhanden: ☐ ja ☐ nein

Gebrauchsanweisungen nach § 7 Absatz 2 UVSV sind vorhanden: ☐ ja ☐ nein

NEW TECHNOLOGY®

-1-

Abbildung 71: Muster eines Gerätepasses, der oft als Geräte- und Betriebsbuch bezeichnet wird.

Optisch wirksame Bauteile des Solariums

UV-Lampen: ……………………..………………….…
Filter: …………………………..………………….
Reflektoren: ………………………..…………………..
Vorschaltgeräte: ………………………….……………..…
Transparente Auflagefläche: ……………………………………….

Kürzester zulässiger Bestrahlungsabstand

☐ durch die Bauart des Solariums vorgegeben

☐ …………………… cm

Erythemwirksame Bestrahlungsstärke

Beim kürzesten zulässigen Bestrahlungsabstand: ……………………..……………..

Höchstbestrahlungsdauer beim kürzesten zulässigen Bestrahlungsabstand: ………………

Notabschaltung ist vorhanden
        ☐ Ja   ☐ Nein

Gerätekennzeichnung ist vorhanden
        ☐ Ja   ☐ Nein

Zeitschaltuhr oder Steuergerät

Hersteller: …………..…………………….
Typ/Modell: ……………………………….
Maximale Abschaltzeit der Zeitschaltuhr: ……………………………
Kleinste einstellbare Zeitabstufung: …………………………….

Wartungsintervall laut Herstellerangaben

☐   Wartung erfolgt nach ………Betriebsstunden oder:
☐   Wartung erfolgt nach ………Jahren
☐   Lampenwechsel erfolgt nach ……….. Betriebsstunden oder
☐   Lampenwechsel erfolgt nach 30 % Wirksamkeitsverlust.

Für die Richtigkeit der vorstehenden Angaben

Ort: ....

Datum: ....

Unterschrift und Firmenstempel des Betreibers

3.3.2   Betriebsbuch

Qualifiziertes Fachpersonal nach § 4 Absatz 4 UVSV

(Eine Kopie der Teilnahmebescheinigung ist dem Betriebsbuch beizufügen)

Name: ....

Schulungsträger: ....

Datum der Teilnahmebescheinigung: ....

Informationen und Schutzbrillen

Hinweise nach §7 Absatz 1 UVSV sind vorhanden   ☐ Ja   ☐ Nein

Schutzbrillen sind vorhanden   ☐ Ja   ☐ Nein

Anweisungen zur wiederkehrenden Wartung und Prüfung

(1) Zustand und Funktion des Solariums sind nur durch bevollmächtigtes Personal zu prüfen (Befähigungsmatrix).
(2) Mindestens halbjährlich sind folgende Kontroll- und Prüfungsarbeiten auszuführen:

Notabschaltung auf Funktion geprüft:

☐ Ja   ☐ Nein

Zwangsabschaltung auf Funktion geprüft:

☐ Ja   ☐ Nein

Kontrolle der Acrylscheiben:

☐ Ja   ☐ Nein

Kontrolle der Filter:

☐ Ja   ☐ Nein

Kontrolle der Geräte-Lüfter:

☐ Ja   ☐ Nein

Kontrolle der Stahlseil-Hebemechanik:

☐ Ja   ☐ Nein

Kontrolle der Feder-Hebemechanik:

☐ Ja   ☐ Nein

Kontrolle der Absturzsicherung:

☐ Ja   ☐ Nein

Kontrolle der Gerätekennzeichnung:

☐ Ja   ☐ Nein

Kontrolle der Schutzbrillen:

☐ Ja   ☐ Nein

Reparaturprotokoll

Datum	Art der Reparatur

Wechsel optischer Bauteile (Lampen, Filter, Reflektoren, Acrylscheiben)

Bauteil:

Ersetzt durch:

Datum:

Name:

Unterschrift:

(Es dürfen nur identische Bauteile verwendet werden)

Festgestellte und behobene oder noch zu behebende Mängel

Folgende Mängel sind zu beheben:

Ausgewechselte Bauteile:

Mängel behoben durch:

Mängel behoben am:

Ergebnis der Wartung und Prüfung:

Das Solarium ist zur weiteren Verwendung geeignet: ☐ Ja ☐ Nein

Stand des Betriebsstundenzählers: ….…………..

Datum der Wartung/Prüfung: ………...………….

Name des Prüfers:

Datum Unterschrift

Name des Betreibers:

Datum Unterschrift

3.3.3 Zusammenfassung und Merksätze

Das Geräte- und Betriebsbuch spielt eine zentrale Rolle für die Betreiber von Solarien. In diesem Buch werden die nachfolgenden Informationen dokumentiert:
- *Bezeichnung des Gerätes*
- *Benennung der optisch wirksamen Bauteile*
- *Bestrahlungsabstand*
- *Erythemwirksame Bestrahlungsstärke*
- *Informationen zur Steuerung*
- *Dokumentation der Wartungsintervalle*
- *Nachweise zum Fachpersonal*
- *Dokumentation zum Informationsmaterial*
- *Dokumentation zu Schutzbrillen*
- *Anweisungen zu widerkehrenden Wartungen*
- *Protokolle zu durchgeführten Wartungen und Reparaturen*

3.3.4   Lernzielkontrollfragen

1. **Welche der nachfolgenden Informationen findet man mindestens im Geräte- und Betriebsbuch?**
   o Bezeichnung des UV-Bestrahlungsgerätes, optisch wirksame Bauteile, Bestrahlungsabstand, erythemwirksame Bestrahlungsstärke, Höchstbestrahlungsdauer, Notabschaltung vorhanden, Gerätekennzeichnung vorhanden.
   o Bezeichnung des UV-Bestrahlungsgerätes, optisch wirksame Bauteile, Klimaanlage, Musikanlage, erythemwirksame Bestrahlungsstärke, Höchstbestrahlungsdauer, Notabschaltung vorhanden, Gerätekennzeichnung vorhanden.
   o Bezeichnung des UV-Bestrahlungsgerätes, optisch wirksame Bauteile, maximaler Bestrahlungsabstand, erythemwirksame Bestrahlungsstärke, Höchstbestrahlungsdauer, Stoppschaltung vorhanden, Gerätekennzeichnung vorhanden.

2. **Im Geräte- und Betriebsbuch ist eine Testbestrahlung von 5 min für alle Hauttypen eingetragen bei einer erythemwirksamen Bestrahlungsstärke von 0,23 W/m². Wie ist diese Eintragung zu bewerten?**
   o Wegen möglicher photosensibilisierender Reaktionen ist eine Testbestrahlung von 5 min aus Sicherheitsgründen immer ausreichend.
   o Die Erstbestrahlung ist für alle Hauttypen immer ca. 5:30 min und nicht nur 5 min.
   o Die Eintragungen widersprechen sich. Bei einer Bestrahlungsstärke von 0,23 W/m² werden die 100 Joule der Erstbestrahlung erst nach ca. 7 min erreicht.

3. **Sie haben bei einem UV-Bestrahlungsgerät die Originalröhren gegen günstigere Röhren eines anderen Herstellers getauscht. Welche Eintragungen gehören zu diesem Vorgang in das Geräte und Betriebsbuch?**
   o Eine Eintragung zum durchgeführten Röhrenwechsel und eine Äquivalenzbescheinigung zu den neuen Röhren.
   o Welches Bauteil an welchem Datum ersetzt wurde.
   o Es dürfen bei optisch wirksamen Bauteilen nur Originalbauteile verwendet werden.

4. **Wie dokumentieren Sie die täglichen Sichtkontrollen der UV-Bestrahlungsgeräte?**
   o Die tägliche Augenscheineinnahme des UV-Bestrahlungsgerätes vor Inbetriebnahme gehört zu den Wartungs- und Pflegearbeiten des Gerätes und muss deshalb ins Geräte- und Betriebsbuch eingetragen werden.
   o Sofern die tägliche Augenscheineinnahme des UV-Bestrahlungsgerätes vor Inbetriebnahme zu keiner Beanstandung führt, empfiehlt sich lediglich die Eintragung in einer Checkliste. Werden Mängel festgestellt, sind diese im Geräte- und Betriebsbuch einzutragen.

o   Es macht keinen Sinn, jede Sichtkontrolle der UV-Bestrahlungsgeräte zu dokumentieren. Lediglich Wartungs- und Pflegearbeiten werden ins Betriebsbuch eingetragen.

5. **Bei der Funktionskontrolle des UV-Bestrahlungsgerätes stellen Sie fest, dass die Klimaanlage defekt ist. Was ist zu veranlassen?**
   o   Der Nutzer ist vor der Nutzung über die defekte Klimaanlage (z.B. durch Aushang) zu informieren und das Gerät kann weiter betrieben werden. Im Geräte- und Betriebsbuch wird ein Reparaturvermerk eingetragen.
   o   Das Gerät kann weiter betrieben werden.
   o   Das Gerät muss gesperrt werden, weil die Klimaanlage die Leuchtmittel kühlt und diese auf der notwendigen Betriebstemperatur hält. Bei Überhitzungen der Leuchtmittel drohen dem Nutzer schwere Verbrennungen.

6. **Bei welchen der nachfolgenden Mängel muss ein UV-Bestrahlungsgerät unverzüglich gesperrt werden?**
   o   Ausgefallene Leuchtstoffröhren
   o   Defekte Beduftungsanlage
   o   Defekt Filterscheibe

7. **Die Notabschaltung des UV-Bestrahlungsgerätes ist defekt. Was ist zu veranlassen?**
   o   Gerät sperren und Reparatur einleiten.
   o   Bestrahlungszeiten reduzieren und den Kunden mitteilen, dass bei Problemen das Gerät nicht abgeschaltet werden kann und deshalb verlassen werden muss.
   o   Zur Vermeidung von möglichen Risiken die Hochdruckstrahler abschalten. Danach kann das Gerät weiter betrieben werden.

8. **Bei der Gerätekontrolle stellen Sie fest, dass die Liegefläche total zerkratzt ist. Was ist zu veranlassen?**
   o   Die Tragkraft der Liegefläche ist durch mechanische Belastung (Achtung! Schutzausrüstung tragen) zu prüfen.
   o   Das Gerät muss gesperrt werden, weil die Scheibe reißen könnte.
   o   Die Tragkraft der Scheibe wird von kleinen Kratzern und Rissen nicht beeinflusst.

9. **Ein UV-Bestrahlungsgerät besitzt eine erythemwirksame Bestrahlungsstärke von 0,29 W/m². Wie lange ist die Bestrahlungszeit in Minuten bei einer gewünschten Bestrahlung von 250 Joule/m²?**
   o   ca. 12 min
   o   ca. 11 min
   o   ca. 14 min

10. Wie verändern sich die Bestrahlungszeiten in Minuten, wenn die im Gerät unter Frage 9 eingesetzten Leuchtmittel mit 400 Betriebsstunden das Ende ihrer Nutzlebensdauer von ca. 500 Stunden fast erreicht haben?

o Die Röhren haben ca. 80 % ihrer Lebensdauer verbraucht und sind deshalb deutlich schwächer. Die Bestrahlungszeit kann um bis zu 30 % verlängert werden.

o Die Bestrahlungszeit ändert sich nicht, weil während der Nutzlebensdauer der Leuchtmittel davon ausgegangen wird, dass die Leistung (UV-Bestrahlung) annähernd konstant ist.

o Die Bestrahlungszeit verlängert sich in Abhängigkeit vom Alter der Leuchtmittel. Je älter das Leuchtmittel, desto länger ist die Bestrahlungszeit weil das Leuchtmittel bis zu 30 % seiner Leistung verliert.

4	Kundengespräch und Kundenberatung

4.1   Anforderungen an das Kundengespräch

Das Beratungsgespräch der Kunden durch geschultes Fachpersonal findet im Spannungsfeld der Interessen der Kunden, der Interessen des Betreibers und den Anforderungen der UV-Schutz-Verordnung statt und sollte deshalb nicht nur den formalen und juristischen Anforderungen genügen, sondern auch Dienstleistungs- und wirtschaftliche Aspekte berücksichtigen.

4.1.1   Anforderungen der UV-Schutz-Verordnung

An das Beratungsgespräch werden durch die UV-Schutz-Verordnung folgende Anforderungen gestellt, die sich natürlich teilweise mit den Interessen der Kunden und des Betreibers decken:

1. Das Beratungsgespräch ist dem Kunden **vor** der Erstbenutzung eines Solariums **anzubieten**.
2. Der Kunde ist auf die **Ausschlusskriterien** nach Anlage 7 der UV-Schutzverordnung hinzuweisen. Diese Ausschlusskriterien müssen auch in den Geschäftsräumen aushängen.
3. Der Kunde ist auf die **Hinweise** nach Anlage 7 der UV-Schutz-Verordnung hinzuweisen. Diese Hinweise müssen auch in der Kabine hängen.
4. Der Kunde ist nach Anlage 3 der UV-Schutz-Verordnung insbesondere auf die Nutzung einer **UV-Schutzbrille** nach DIN EN 170 hinzuweisen.
5. Der **Hauttyp** des Kunden ist nach Anlage 1 der UV-Schutz-Verordnung nach einem vorgegebenen Fragebogen ab zu schätzen.
6. Für den Kunden ist ein **Dosierungsplan** (Bestrahlungsplan) nach Anlage 5 der UV-Schutz-Verordnung zu erstellen. Darin müssen Angaben zur Maximaldauer der ersten Bestrahlung, der Schwellenbestrahlung, der Einzelbestrahlungen in einer Serie und zu Bestrahlungspausen enthalten sein.
7. Der Kunde ist in die sichere Nutzung des jeweiligen Solariums (UV-Bestrahlungsgerät) **einzuweisen** (Desinfektion, Steuerung, Notabschaltung etc.)
8. Das Kundengespräch muss **dokumentiert** werden.

4.1.2   Anforderungen des Kunden

Im Regelfall stellt der Kunde an das Beratungsgespräch vor der Erstbenutzung eines Solariums vom Interessenschwerpunkt her deutlich andere Anforderungen an das Gespräch. Das Informationsbedürfnis des Kunden orientiert sich im Wesentlichen an der möglichen Erfüllung seiner Besuchsmotive (braun werden) und die Rahmenbedingungen der Erbringung der Dienstleistung (Preis, Hygiene, Qualitätssicherung, Gesundheit). Rechtliche und oder versicherungsrechtliche Aspekte der Bestrahlung sind für den Kunden im Regelfall von untergeordneter Bedeutung. Die wichtigsten Kundenfragen sind - ohne den Anspruch der Vollständigkeit - nach Themengebieten nachfolgend aufgelistet:

1. Die Frage nach dem **formalen Ablauf** der Besonnung (Anmeldung an der Rezeption, Auswahl der Kabine, Auswahl der Bestrahlungszeiten, Funktionen des Solariums etc.)
2. Die Frage nach dem **Preis** (Einzelnutzung, Preis für Bestrahlungsserie, Zehnerkarte, Abo).
3. Die Frage nach **Qualität** und **Hygiene** (Qualität der Bänke, Hygiene im Studio etc.)
4. Die Frage nach **gesundheitlichen Aspekten** sofern der Kunde entsprechende relevante gesundheitliche Probleme hat (Pflegeprodukte, Kontraindikationen etc.).

Schlussfolgerung:

Aus den dargestellten Anforderungen an das Beratungsgespräch lassen sich zahlreiche Schlussfolgerungen für die Durchführung eines für alle Beteiligten optimale Beratungsgespräch ziehen:

1. Basierend auf der Fülle der unterschiedlichen Anforderungen erscheint es zwingend ratsam, das Beratungsgespräch zu **standardisieren** und für jeden Betrieb ein individuelles Beratungsgespräch zu entwickeln, dass nicht nur die Vorgaben der UV-Schutz-Verordnung erfüllt, sondern auch den Interessen der Nutzer und des Anbieters gerecht wird.

2. Abgeleitet aus der Dokumentationspflicht des Beratungsgespräches und der daraus resultierenden Notwendigkeit des Nachweises der Kundengespräche lässt sich zwingend schließen, dass mindestens die Anforderungen der UV-Schutz-Verordnung an das Kundengespräch **schriftlich** abgearbeitet werden sollten und sowohl vom **Kunden** als auch von der ausführenden **Fachkraft unterschrieben** werden sollten. Aus der Dokumentation lässt sich folgerichtig eine sog. **betriebsübliche Praxis** ableiten, die im Zweifelsfall in Streitfällen hilfreich sein kann.

3. Um das Informationsbedürfnis des Kunden ausreichend zu befriedigen erscheint es ratsam, dem Kunden im Laufe des Beratungsgespräches eine entsprechend aufbereitete **Informationsbroschüre** zu übergeben, die unter anderem die vorgeschriebenen Informationen der UV-Schutz-Verordnung und die **Abläufe** und **Angebote** des Studios enthält.

4.1.3   Zusammenfassung und Merksätze

Das Beratungsgespräch findet im Spannungsfeld der Interessen der Kunden, der Interessen des Betreibers und den Anforderungen der UV-Schutz-Verordnung statt und sollte deshalb formale und wirtschaftliche Aspekte berücksichtigen.
Wegen der Fülle der unterschiedlichen Anforderungen ist es ratsam, das Beratungsgespräch zu standardisieren, schriftlich durchzuführen, vom Kunden und der Fachkraft unterschreiben zu lassen und zu dokumentieren.
Unter Berücksichtigung wirtschaftlicher Interessen sollte ein Verkaufsgespräch in das Beratungsgespräch integriert werden.

4.1.4   Lernzielkontrollfragen

* *Warum sollte das Beratungsgespräch schriftlich mit einer Vorlage dokumentiert werden?*
  Zur Qualitätssicherung, um Haftungsansprüche abzuwehren.

4.2   Das Beratungsgespräch

4.2.1   Vorgeschriebene Inhalte des Beratungsgespräches

1. Der Erstkunde ist vor der ersten Bestrahlung auf die nachfolgenden Ausschlusskriterien hinzuweisen, die ebenfalls in der Kabine ausgehängt sein müssen (Anlage 7 der UVSV):

Aushang in der Kabine:

Personen, die das UV-Bestrahlungsgerät (Solarium) nicht nutzen, sollen in der Kabine nicht anwesend sein, wenn das Solarium betrieben wird. Dies gilt insbesondere für Kinder und Jugendliche.
Wenn einer der folgenden Punkte auf Sie zutrifft, ist aus Gründen des Gesundheitsschutzes vom Besuch eines Solariums zu Bräunungszwecken abzuraten:

• Sie können überhaupt nicht bräunen, ohne einen Sonnenbrand zu bekommen, wenn Sie der Sonne oder künstlicher UV-Strahlung ausgesetzt sind (Hauttyp I);

• Sie bekommen leicht einen Sonnenbrand, wenn Sie der Sonne oder künstlicher UV-Strahlung ausgesetzt sind (Hauttyp II);

• Ihre natürliche Haarfarbe ist rötlich;

• Ihre Haut neigt zur Bildung von Sommersprossen oder Sonnenbrandflecken;

• Ihre Haut weist mehr als 40 bis 50 Pigmentmale (Muttermale und Leberflecke) auf;

• Ihre Haut weist auffällige (atypische) Leberflecke (asymmetrisch, unterschiedliche Pigmentierung, unregelmäßige Begrenzung) auf;

• Ihre Haut weist auffällige, scharf begrenzte entfärbte Bereiche auf (Scheckhaut);

• Sie leiden aktuell unter einem Sonnenbrand;

• Sie hatten als Kind häufig einen Sonnenbrand;

• Ihre Haut zeigt Vorstufen von Hautkrebs oder es liegt oder lag eine Hautkrebserkrankung vor;

• bei Ihren Verwandten ersten Grades (Ihren Eltern oder Ihren Kindern) ist schwarzer Hautkrebs (malignes Melanom) aufgetreten;

• Sie neigen zu krankhaften Hautreaktionen infolge von UV-Bestrahlung;

• Sie leiden an Hautkrankheiten;

• Sie nehmen Medikamente ein, die als Nebenwirkung die UV-Empfindlichkeit Ihrer Haut erhöhen;

• Ihr Immunsystem ist krankheitsbedingt geschwächt.

Im Zweifelsfall holen Sie ärztlichen Rat ein.

2.   Der Kunde ist auf folgende Hinweise ausdrücklich aufmerksam zu machen, die ebenfalls in den Geschäftsräumen aushängen müssen (Anlage 7 der UVSV):

Aushang im Geschäftsraum

Aus Gründen des Gesundheitsschutzes wird empfohlen:

• Verwenden Sie keine Sonnenschutzmittel oder Produkte, die die Bräunung beschleunigen.

• Entfernen Sie möglichst einige Stunden vor der Solarium-Benutzung alle Kosmetika.

 • Vorsicht bei der Einnahme von Medikamenten. Einige haben die Nebenwirkung, die UV-Empfindlichkeit Ihrer Haut zu erhöhen. Fragen Sie im Zweifelsfall Ihre Ärztin oder Ihren Arzt.

• Tragen Sie während der Solarium-
Benutzung den Ihnen ausgehändigten Augenschutz (UV-Schutzbrille). Kontaktlinsen und Sonnenbrillen sind kein Ersatz für die UV-Schutzbrille.

• Halten Sie die empfohlenen Bestrahlungszeiten und -pausen Ihres individuell erstellten Dosierungsplans ein. Der Dosierungsplan gilt nur für das ausgewählte Solarium und ist Ihrem Hauttyp angepasst.

• Benutzen Sie ein Solarium höchstens einmal pro Tag. Am gleichen Tag sollten Sie weder vorher noch nachher ein natürliches Sonnenbad nehmen.

• Vermeiden Sie Sonnenbrand (Hautrötung oder Blasen). Ein Sonnenbrand kann einige Stunden nach der Solarien-Benutzung auftreten. Falls ein Sonnenbrand auftritt, sollten keine weiteren Bestrahlungen bis zur vollständigen Abheilung des

Sonnenbrands stattfinden. Holen Sie ärztlichen Rat ein. Mit der Bestrahlung sollte erst nach Befragen einer Ärztin oder eines Arztes wieder begonnen werden.

• Treten unerwartete Effekte, wie beispielsweise Juckreiz, Brennen oder ein Spannungsgefühl innerhalb von 48 Stunden nach einer Bestrahlung auf, sollten Sie vor weiteren Bestrahlungen ärztlichen Rat einholen.

• Halten Sie den empfohlenen Abstand zum Solarium ein.

• Benutzen Sie das Solarium nicht, wenn Sie Beschädigungen am Gerät feststellen.

Bei Bedarf / bei Interesse / können Sie gerne eine persönliche Beratung von unserem qualifizierten Fachpersonal erhalten.

3.   Dem Kunden ist aktiv eine UV-Schutzbrille anzubieten (Anlage 3 der UVSV).

UV-Schutzbrillen

Die UV-Schutzbrillen müssen bezüglich der maximalen Durchlässigkeit entweder die Anforderungen der Schutzstufen 2 bis 5 nach DIN EN 170, Ausgabe Januar 2003 oder DIN EN 60335-2-27 (VDE 0700-27), Ausgabe April 2009 (beide über die VDE Verlag GmbH oder die Beuth Verlag GmbH, beide Berlin, zu beziehen und beim Deutschen Patentamt archivmäßig gesichert niedergelegt), erfüllen.

4.   Der Hauttyp des Kunden ist nach dem nachfolgenden Schema zu bestimmen (Anlage 1 der UVSV und Anlage 1 in diesem Dokument).

Verfahren zur Bestimmung des Hauttyps

Zur Festlegung maximaler Bestrahlungszeiten ist die Kenntnis der individuellen und aktuellen UV-Empfindlichkeit der Haut erforderlich, die durch die Bestimmung des Hauttyps abgeschätzt werden kann. Wichtige Kriterien sind hierfür vor allem die Neigung der Haut zur Bildung eines UV-Erythems (Sonnenbrand) und zur Hautbräunung bei der ersten längeren UV-Bestrahlung der nicht vorbestrahlten Haut. Darüber hinaus können äußere Merkmale wie die Haut-, Haar- und Augenfarbe sowie die Anzahl von Sommersprossen Hinweise liefern.
Die folgenden 10 Fragen sind dazu geeignet, die Hauttypen I bis IV zu bestimmen. Die Hauttypen V und VI zeichnen sich durch eine wenig empfindliche braune bis dunkelbraune Haut, dunkle Augen und schwarzes Haar aus. Die Eigenschutzzeit der Haut liegt bei diesen Hauttypen bei 60 Minuten und mehr. Eine detaillierte Hauttypbestimmung für diese Hauttypen erübrigt sich.

Die folgenden Fragen sind so genau wie möglich zu beantworten:

Name:
Alter ≥ 18 Jahre:

Erläuterung:
Die Antworten sind wie folgt zu bewerten: Bei jeder Frage wird die der gegebenen Antwort entsprechende Punktzahl (1. Antwort = 1, 2. Antwort = 2, 3. Antwort = 3; 4. Antwort =4) notiert. Dann werden die Punkte addiert und das Ergebnis wird durch 10 geteilt. Das gerundete Ergebnis gibt den Hauttyp an.

Beispiel:
Wenn das Ergebnis 2,4 lautet, entspricht der ermittelte Hauttyp eher Hauttyp II (weil das Ergebnis näher an 2 als an 3 ist); ist das Ergebnis 2,8, entspricht der ermittelte Hauttyp eher Hauttyp III (weil das Ergebnis näher an 3 ist als an 2).

5.   Ein auf den Hauttyp des Kunden abgestimmter und den Vorschriften der UV-Schutz-Verordnung entsprechender Dosierungsplan ist für den Kunden zu erstellen (Anlage 5 UVSV).

Dosierungsplan

1. Voraussetzungen

• Bestimmung des Hauttyps

• Klärung der Ausschlusskriterien (entsprechend den Hinweisen nach Anlage 7)

• Informationen zur Nutzung eines UV-Bestrahlungsgerätes (entsprechend den Hinweisen nach Anlage 7)

• Aufklärung über das erhöhte gesundheitliche Risiko durch UV-Bestrahlung, insbesondere im Hinblick auf Hautkrebs, vorzeitige Hautalterung, Augenschäden und UV-Erythem

2. Vorgaben zum Erstellen des Dosierungsplans und zu Bestrahlungspausen

• Individuelle Festlegung der Bestrahlungsdauer in Abhängigkeit vom Hauttyp der Nutzerin oder des Nutzers und der Bestrahlungsstärke des jeweiligen UV-Bestrahlungsgerätes anhand der Tabelle „Maximalwerte erythemwirksamer Bestrahlungen" unter Vermeidung eines UV-Erythems (Sonnenbrand).

• Einheitliche erste Bestrahlung ungebräunter Haut von 100 Jm^{-2}

• Maximal eine UV-Bestrahlung pro Tag (Sonne oder UV-Bestrahlungsgerät)

• Mindestens 48 Stunden Abstand zwischen den ersten beiden Bestrahlungen

• Maximal drei Bestrahlungen pro Woche

• Maximal zehn Bestrahlungen im Monat

• Maximal zehn Bestrahlungen pro Serie

• Bestrahlungspause nach Beendigung einer Bestrahlungsserie von mindestens der Dauer der vorausgegangenen Bestrahlungsserie

• Maximal 50 Sonnenbäder oder Bestrahlungen durch UV-Bestrahlungsgeräte pro Jahr

3. Bestrahlungsserie – Maximalwert der erythemwirksamen Bestrahlung bei Unterbrechung einer Bestrahlungsserie

• Eine Bestrahlungsserie umfasst bis zu 10 Bestrahlungen. Sie ist beendet nach 10 Bestrahlungen oder bei einer Unterbrechung zwischen zwei Bestrahlungen von mehr als vier Wochen. Die erste Bestrahlung nach einer Beendigung darf eine maximale erythemwirksame Bestrahlung von 100 Jm^{-2} nicht überschreiten.

• Bei Unterbrechung einer Bestrahlungsserie von mehr als einer und bis zu vier Wochen: Wiederaufnahme der Bestrahlungsserie mit um eine Stufe reduzierter erythemwirksamer Bestrahlung.

4. Hinweise zur Anwendung des Dosierungsplans

• Einhalten der Abfolge der im Dosierungsplan festgelegten Einzelbestrahlungen.

• Bei Auftreten eines UV-Erythems oder anderer anormaler Hautreaktionen: sofortiger Abbruch der Bestrahlungsserie und ärztliche Abklärung.

• Start der Serie nach Bestätigung einer Pause zur vorausgegangenen Serie mit der Mindestdauer der Seriendauer.

Praxishinweis:

Wenn im Sonnenstudio unterschiedlich starke UV-Bestrahlungsgeräte zum Einsatz kommen, dann muss für jedes Gerät ein eigener Dosierungsplan vorliegen. Entsprechend muss aus dem Dosierungsplan des Kunden hervorgehen, welches Gerät genutzt werden soll und mit welchen Bestrahlungszeiten! Die Verwendung von Standarddosierungsplänen ist so nicht möglich.

---

6. Der Kunde ist in die sichere Nutzung der Sonnenbank einzuweisen.

In Abhängigkeit von den im Betrieb vorhandenen – unterschiedlichen – Solarien ist eine Unterweisung in mindestens die sichere Bedienung der Steuerung, die Notabschaltung und die Desinfektion zu geben.

Praxishinweis:

Bei der Geräteeinweisung den Nutzer unbedingt darauf hinweisen, dass in seltenen Fällen auch **während der Bestrahlung** das Gerät einen Schaden nehmen kann. In diesen Fällen unverzüglich die **Notabschaltung** betätigen und das Bestrahlungsgerät **sofort verlassen**.

---

7.   Das Kundengespräch muss dokumentiert werden.

Formvorschriften für die Dokumentation bestehen nicht.

4.2.2   Bestimmung des Hauttyps

Voraussetzung für die Erstellung eines individuellen Dosierungsplanes ist die Abschätzung des Hauttyps nach dem von der UV-Schutz-Verordnung vorgegebenen Schema. Für die schriftliche Dokumentation und zur möglichst fehlerlosen und qualitätsgesicherten Ermittlung des Hauttyps haben wir eine Exceltabelle erstell, die den Hauttypen „automatisch" bestimmt. Auf Anfrage schicken wir Ihnen diese Exceltabelle gerne zu.
Die Nutzung dieser Tabelle schließt „Flüchtigkeitsfehler" durch falsches rechnen und die Dokumentation dieser Fehler aus.

Zur Ermittlung des Hauttyps werden zunächst die Stammdaten des Kunden (Name, Vorname, Straße, PLZ, Ort, Telefonnummer und Geburtsdatum) eingetragen. In einer ersten Kontrolle überprüft das Programm das Alter des Kunden und beantwortet die Frage ob der Kunde älter als 18 Jahre ist mit Ja oder Nein. Ist die Antwort Nein, so darf der Kunde das Solarium nicht benutzen.

Anschließend werden dem Kunden die 10 aufgeführten Fragen vorgelesen und die Antworten durch anklicken der Kontrollkästchen markiert.

Sobald alle Kästchen markiert sind, berechnet das Programm den Hauttyp des Kunden und weist diesen in der letzten Zeile aus.

Damit ist der Hauttyp nach den Anforderungen der UV-Schutz-Verordnung ermittelt.

Muster einer standardisierten Hauttypenbestimmung (siehe unten)

4.2.3   Dosierungsplan

Auf der Basis der Hauttypenbestimmung und der eingetragenen Stammdaten wird anschließend automatisch durch das Programm ein den Vorschriften entsprechender Dosierungsplan erstellt. Dazu werden die eingetragenen und ermittelten Stammdaten in die Tabelle „Individueller Bestrahlungsplan" automatisch übernommen.

Der Bestrahlungsplan weist anschließend unter den „10 Grundregeln beim Sonnenbaden" einen individuellen Bestrahlungsplan mit 10 Bestrahlungen, den zum Hauttyp individuell ermittelten Bestrahlungsstärken in J/m^2 und den für die einzelnen Geräte mit einer

Bestrahlungsstärke von 0,3 W / m^2 ermittelten Bestrahlungszeiten, die dann in die Steuerung eingegeben werden können.

Abschließend werden die möglichen Ausschlusskriterien nach UV-Schutz-Verordnung durch einfaches abfragen und ankreuzen ermittelt. Wird eine der Fragen mit ja angegeben, sollte von der Nutzung des Solariums abgeraten werden.

Ort und Datum der Erstellung des Bestrahlungsplanes wird automatisch vorgegeben.

Nach dem Ausdrucken der gesamten Datei zeichnet die Fachkraft den Bestrahlungsplan gegen.

Der mit diesem Programm erstellte Bestrahlungsplan erfüllt die Anforderungen der UV-Schutz-Verordnung.

Muster eines standardisierten Bestrahlungsplanes (siehe unten)

Sofern es während der Bestrahlungsserie zum Auftreten eines Sonnenbrandes oder anormaler Hautreaktionen kommt, sind folgende Verhaltensregeln angezeigt:

– Sonnenbrand nach der Erstbestrahlung: Abbruch der Bestrahlung

– Sonnenbrand im Verlauf der Bestrahlungsserie: Aussetzen der Bestrahlungen bis zur vollständigen Genesung, danach Fortsetzung der Bestrahlung mit geringerer Dosierung und Häufigkeit (maximal zweimal pro Woche bei Wiederaufnahme der Anwendung).

– Anormale Hautreaktion: Abbruch der Bestrahlung und Konsultation eines Hautarztes.

4.2.4   Information der Nutzerinnen und Nutzer (Ausschlusskriterien)

Muster eines standardisierten Beratungsprotokolls (siehe unten)

Im Interesse der Sicherheit der Nutzer und zur Abwehr möglicher Schadenersatzforderungen aus falscher oder unzureichender Beratung wird abschließend mit dem Kunden das Beratungsprotokoll zum Bestrahlungsplan durchgegangen. Die Stammdaten des Kunden werden automatisch vom Programm übernommen, so dass die notwendige Individualisierung automatisch erfolgt.

Anschließend wird die Seite ausgedruckt und jeder Punkt durch ankreuzen des Kontrollkästchens mit dem Kunden einzeln durchgegangen. Wichtig ist dabei, dass die Hacken nicht im Programm voreingestellt sind, sondern **im Gespräch handschriftlich angekreuzt** werden. So wird sichergestellt, dass jeder Punkt des Beratungsprotokolls besprochen wurde.

Am Ende des Beratungsgespräches unterschreiben sowohl der Kunde, als auch die Fachkraft das Protokoll. Ein Exemplar verbleibt zur Dokumentation im Sonnenstudio, ein Exemplar bekommt der Nutzer mit nach Hause.

4.2.5   Dokumentation und Beratungsprotokoll

Um die Anforderungen zur Dokumentation der Beratungsgespräche nach UV-Schutz-Verordnung zu erfüllen empfiehlt es sich, die vorangehend besprochenen Tabellen zweimal auszudrucken und eine vom Kunden unterschriebene Kopie für mindestens sechs Monate zu archivieren.

Um jederzeit für jeden Kunden den Nachweis einer den Anforderungen der UV-Schutz-Verordnung entsprechenden Beratungsgespräches erbringen zu können, wird dringend empfohlen, mit jedem Kunden – nicht nur Neukunden (!) - ein entsprechendes Beratungsgespräch zu führen.

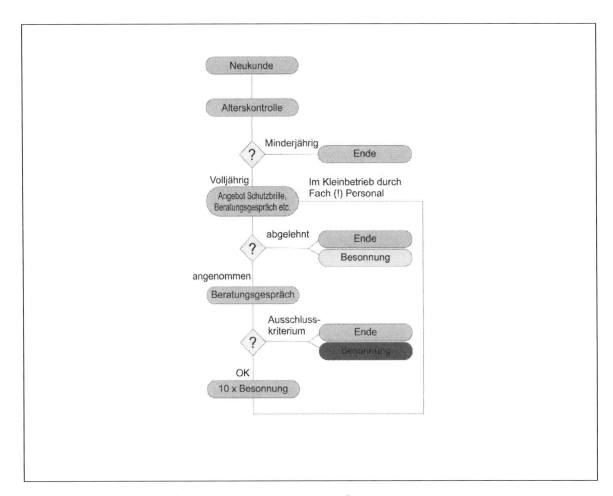

Abbildung 72: Ablaufplan eines Beratungsgespräches

Praxishinweis:

Wenn der Kunde das Beratungsgespräch ablehnt, hat das fachpersonal keinerlei Informationen über diesen Kunden (Hauttyp, Ausschlusskriterien etc. In diesen Fällen ist es zwar nicht verboten, den Kunden zu bestrahlen, mit Blick auf das einzugehende Risiko ist jedoch **dringend** davon abzuraten, Kunden ohne Beratungsgespräch zu bestrahlen.

4.2.6   Zusammenfassung und Merksätze

Im Beratungsgespräch sind die nachfolgenden Inhalte zwingend zu vermitteln bzw. die notwendigen Handlungen durchzuführen:
- *Hinweis auf Ausschlusskriterien*
- *Hinweis auf Schutzbestimmungen*
- *Angebot der UV-Schutzbrille*
- *Hauttypenbestimmung*
- *Dosierungsplan*
- *Geräteeinweisung*
- *Dokumentation des Kundengespräches*

Wegen der Fülle der Informationen und Handlungen sollte das Gespräch standardisiert werden entsprechend der nachfolgenden Muster.

4.2.7   Lernzielkontrollfragen

1. **Welches sind die vorgeschriebenen Inhalte eines Beratungsgespräches nach UV-Schutz-Verordnung.**
   - o   Hinweis auf Ausschlusskriterien (Aushang Kabine), Heinweise auf Solarkosmetik (Aushang Geschäftsraum), Angebot UV-Schutzbrille, Hauttypenbestimmung, Erstellung Dosierungsplan, Geräteeinweisung, Dokumentation.
   - o   Hinweis auf Ausschlusskriterien (Aushang Kabine), Heinweise auf Gesundheitsschutz (Aushang Geschäftsraum), Angebot UV-Schutzbrille, Hauttypenbestimmung, Erstellung Dosierungsplan, Geräteeinweisung, Dokumentation.
   - o   Hinweis auf Ausschlusskriterien (Aushang Kabine), Heinweise auf Gesundheitsschutz (Aushang Geschäftsraum), Angebot UV-Schutzbrille, Angebot Solarkosmetik, Hauttypenbestimmung, Erstellung Dosierungsplan, Geräteeinweisung, Hinweis auf Haftungsausschluss, Dokumentation des Beratungsgespräches.

2. **Was ist zu veranlassen, wenn im Beratungsgespräch ein Ausschlusskriterium gefunden wird?**
   - o   Der Nutzer ist auf das Ausschlusskriterium aufmerksam zu machen und darüber zu informieren, dass er das UV-Bestrahlungsgerät nur auf eigenes Risiko nach Abgabe einer Haftungsfreistellung nutzen darf.
   - o   Der Nutzer ist von der Bestrahlung auszuschließen, da die gesundheitlichen Risiken die denkbaren Vorteile weit überschreiten.
   - o   Da der Nutzer Volljährig ist und frei entscheiden kann, ist nur darauf hinzuweisen, dass ein Ausschlusskriterium vorliegt.

3. **Wie ist sinnvoller Weise vorzugehen, wenn der Nutzer das Beratungsgespräch ablehnt?**
   o Da keine Informationen zum Kunden vorliegen, ist lediglich eine Bestrahlung mit 100 Joule möglich.
   o Da über den Kunden keine Informationen zu Hauttyp oder Ausschlusskriterien etc. vorliegen, ist eine Bestrahlung mit Blick auf das gesundheitliche Risiko abzulehnen.
   o Das Beratungsgespräch muss lediglich angeboten werden. Wenn der Kunde das Beratungsgespräch ablehnt, darf er auf eigenes Risiko das Bestrahlungsgerät nutzen.

4. **Ein Nutzer mit Neurodermitis möchte in Ihrem Sonnenstudio auf Weisung seines Hautarztes eine UV-Bestrahlung durchführen. Wie ist weiter vorzugehen.**
   o Die Bestrahlung kann auf Verantwortung des Hautarztes wie von diesem vorgegeben im Sonnenstudio durchgeführt werden.
   o Nach Festlegung des Dosierungsplanes durch den behandelnden Hautarzt kann die Bestrahlung durchgeführt werden.
   o Die Bestrahlung ist abzulehnen, da im Sonnenstudio keine Heilbehandlungen durchgeführt werden dürfen und wegen der Hautkrankheit ein Ausschlusskriterium vorliegt.

5. **Ein Neukunde mit Hauttyp IV lehnt die Testbestrahlung ab und möchte gleich 20 min bestrahlen. Wie ist weiter vorzugehen?**
   o Die Testbesonnung mit 100 Joule ist trotzdem durchzuführen, weil auch Nutzer mit Hauttyp IV photosensibilisierende Reaktionen zeigen können.
   o Hauttyp IV ist so unempfindlich gegen UV-Strahlung, dass die Testbesonnung auch mit 200 Joule durchgeführt werden kann.
   o Bei der Testbestrahlung von 100 Joule handelt es sich lediglich um eine Empfehlung. Wenn der Kunde keine Ausschlusskriterien besitzt, kann von der Empfehlung abgewichen werden.

6. **Warum sind atypische oder mehr als 50 Leberflecke (=Muttermale) ein Ausschlusskriterium.**
   o Insbesondere atypische Muttermale lassen sich nur sehr schwer von Basaliomen unterscheiden. Um kein Risiko einzugehen wird vorsorglich die Bestrahlung untersagt.
   o Atypische Leberflecke sind fast immer Vorstufen von gefährlichem Hautkrebs.
   o Aus Leberflecken können sich unter bestimmten Umständen gefährliche Melanome entwickeln. Um dieses Risiko auszuschließen gelten Leberflecke als Ausschlusskriterium.

7. **Ein Neukunde hat zahlreiche weiße Flecken bei sonst dunkler Haut und möchte die hellen Bereiche kosmetisch durch die Bestrahlung im Sonnenstudio angleichen. Was ist dem Kunden mitzuteilen.**
   - An den weißen Flecken besteht die Möglichkeit, sich die Haut zu verbrennen (Hauttyp I an dieser Stelle). Eine Bestrahlung ist deshalb nicht möglich.
   - Nach ärztlicher Klärung der Ursachen ist eine leichte medizinische Bestrahlung von ca. 100 bis 150 Joule auf einem Bestrahlungsgerät ohne UVB-Strahlung möglich.
   - Zur Vermeidung eines Sonnenbrandes an den hellen Stellen ist die Bestrahlungszeit sehr kurz zu halten und ein handelsüblicher Sonnenschutz nur an diesen Stellen aufzutragen.

8. **Eine minderjährige Nutzerin möchte in Ihrem Sonnenstudio die Bestrahlungsgeräte mit ausdrücklicher schriftlicher Genehmigung der Eltern nutzen. Was ist der Nutzerin zu empfehlen?**
   - Minderjährige dürfen mit schriftlicher ärztlicher oder elterlicher Genehmigung ein UV-Bestrahlungsgerät nutzen.
   - UV-Bestrahlungsgeräte dürfen grundsätzlich nicht von Minderjährigen genutzt werden. Es handelt sich um ein Ausschlusskriterium. Die Nutzerin darf nicht bestrahlt werden.
   - Die schriftliche Genehmigung der Eltern reicht nicht aus, da diese gefälscht sein könnten. Die Bestrahlung ist nur in Anwesenheit der Erziehungsberechtigten möglich.

9. **Eine Nutzerin lehnt das Tragen der angebotenen UV-Schutzbrille mit dem Argument ab, sie würde die Augen bei der Bestrahlung schließen. Wie ist sinnvoller Weise weiter vorzugehen?**
   - Der Nutzerin ist zu erklären, dass das Schließen der Augen nicht ausreicht und die Augen geschädigt werden können (Bindehautentzündung, Hornhautentzündung, grauer Star). Es ist sicher zu stellen, dass die UV-Schutzbrille mit in die Kabine genommen wird.
   - Der Nutzerin ist zu erklären, dass das Schließen der Augen nicht ausreicht und die Augen geschädigt werden können (grüner oder grauer Star). Auf eigenes Risiko kann sie das Bestrahlungsgerät auch ohne Schutzbrille nutzen.
   - Das Tragen der UV-Schutzbrille während der Bestrahlung kann ohnehin nicht kontrolliert werden. Deshalb reicht das Angebot der Schutzbrille auch dann aus wenn erkennbar ist, dass der Nutzer die Funktion der Schutzbrille nicht kennt.

10. Warum ist die Einnahme von Antibiotika ein Ausschlusskriterium für die Nutzung eines UV-Bestrahlungsgerätes?

o Antibiotika sind immer photosensibilisierend und deshalb ein Ausschlusskriterium.

o Nur bei der Einnahme von photosensibilisierenden Antibiotika (Tetrazykline) liegt ein Ausschlusskriterium vor.

o Antibiotika dienen der Bekämpfung von Infektionen. In diesen Fällen ist das Immunsystem krankheitsbeding geschwächt und es liegt damit ein Ausschlusskriterium vor.

Abbildung 73 und 74: Muster einer Hauttypenbestimmung und eines Dosierungsplanes (Seiten 128 und 129)

Hauttypenbestimmung, Dosierungsplan, Beratungsprotokoll	Datum:	
Vorname und Name	Ich bin mindestens 18 Jahre alt	
	Ja:	Nein:

Zur Festlegung Ihres Dosierungsplanes ist die Kenntnis der individuellen UV-Empfindlichkeit Ihrer Haut wichtig. Die UV-Empfindlichkeit Ihrer Haut kann durch die Bestimmung Ihres Hauttyps ermittelt werden. Dazu ist es notwendig, dass Sie die nachfolgenden Fragen möglichst genau beantworten und abschließend mit Ihrer Unterschrift die Beratung bestätigen. Zu Ihrer Sicherheit wird das Beratungsgespräch protokolliert und nach Datenschutzrecht archiviert.

Wenn einer der folgenden Punkte auf Sie zutrifft, sollten Sie kein Solarium benutzen.   JA / NEIN

	JA	NEIN
Sie leiden an Hautkrankheiten?	☐	☐
Ihre Haut zeigt Vorstufen von Hautkrebs oder es liegt oder lag eine Hautkrebserkrankung vor?	☐	☐
Sie neigen zu krankhaften Hautreaktionen infolge von UV-Bestrahlung?	☐	☐
Sie nehmen photoalergene, photosensibilisierende oder phototoxisch wirkende Arzneimittel ein?	☐	☐
Bei Ihren Verwandten ersten Grades ist schwarzer Hautkrebs aufgetreten?	☐	☐
Ihre Haut weist entfärbte Bereiche auf?	☐	☐
Ihre Haut weist mehr als 50 Leberflecken auf?	☐	☐
Sie leiden aktuell unter einem Sonnenbrand oder hatten als Kind oft Sonnenbrand?	☐	☐
Ihre Haut neigt zu Sommersprossen und Sonnenbrandflecken?	☐	☐
Ihr Hauttyp gehört in die Gruppe I oder II ?	☐	☐
Ihre natürliche Haarfarbe ist rötlich?	☐	☐
Ihr Immunsystem ist krankheitsbeding geschwächt?	☐	☐
Sie haben gerade eine Besonnungsserie absolviert oder geraten in Konflikt zu den 10 Grundregeln (s. u.)	☐	☐

	Hauttypenbestimmung		
1.	Welchen Farbton weist Ihre unbestrahlte Haut auf?	☐ Rötlich	1 Pkt.
		☐ Weißlich	2 Pkt.
		☐ Leicht beige	3 Pkt.
		☐ Bräunlich	4 Pkt.
2.	Hat Ihre Haut viele Sommersprossen?	☐ Ja, viele	1 Pkt.
		☐ Ja, einige	2 Pkt.
		☐ Ja, aber nur vereinzelt	3 Pkt.
		☐ Nein	4 Pkt.
3.	Wie reagiert Ihre Gesichtshaut auf die Sonne?	☐ Sehr empfindlich, meist Hautspannen	1 Pkt.
		☐ Empfindlich, teilweise Hautspannen	2 Pkt.
		☐ Normal empfindlich, nur selten Hautspannen	3 Pkt.
		☐ Unempfindlich, ohne Hautspannen	4 Pkt.
4.	Wie lange können Sie sich im Frühsommer in Deutschland am Mittag bei wolkenlosem Himmel in der Sonne aufhalten, ohne einen Sonnenbrand zu bekommen?	☐ Weniger als 15 Minuten	1 Pkt.
		☐ Zwischen 15 und 20 Minuten	2 Pkt.
		☐ Zwischen 25 und 40 Minuten	3 Pkt.
		☐ Länger als 40 Minuten	4 Pkt.
5.	Wie reagiert Ihre Haut auf ein längeres Sonnenbad?	☐ Stets mit einem Sonnenbrand	1 Pkt.
		☐ Meist mit einem Sonnenbrand	2 Pkt.
		☐ Oftmals mit einem Sonnenbrand	3 Pkt.
		☐ Selten oder nie mit einem Sonnenbrand	4 Pkt.
6.	Wie wirkt sich bei Ihnen ein Sonnenbrand aus?	☐ Kräftige Rötung, Bläschen, schälende Haut	1 Pkt.
		☐ Deutliche Rötung, danach schälende Haut	2 Pkt.
		☐ Rötung, danach manchmal schälende Haut	3 Pkt.
		☐ Selten oder nie Rötung und Hautschälen	4 Pkt.
7.	Ist bei Ihnen nach einmaligem, längerem Sonnenbad anschließend ein Bräunungseffekt zu erkennen?	☐ Nie	1 Pkt.
		☐ Meist nicht	2 Pkt.
		☐ Oftmals	3 Pkt.
		☐ Meist	4 Pkt.
8.	Wie entwickelt sich bei Ihnen die Hautbräunung nach wiederholtem Sonnenbad?	☐ Kaum oder gar keine Bräunung	1 Pkt.
		☐ Leichte Bräunung nach mehreren Sonnenbädern	2 Pkt.
		☐ Fortschreitende, deutlich werdendere Bräunung	3 Pkt.
		☐ Schnell einsetzende und tiefe Bräunung	4 Pkt.
9.	Welche Angabe entspricht am ehesten Ihrer natürlichen Haarfarbe?	☐ Rot bis rötlich blond	1 Pkt.
		☐ Hellblond bis blond	2 Pkt.
		☐ Dunkelblond bis braun	3 Pkt.
		☐ Dunkelbraun bis schwarz	4 Pkt.
10.	Welche Farbe haben Ihre Augen?	☐ Hellblau, hellgrau oder hellgrün	1 Pkt.
		☐ Blau, grau oder grün	2 Pkt.
		☐ Hellbraun oder dunkelgrau	3 Pkt.
		☐ Dunkelbraun	4 Pkt.

Ihr Hauttyp *(Summe / 10)* :

		Ihr Dosierungsplan											
		Solarium:						Bestrahlungsstärke in W/m²:					0,24
		☐ I		☐ II		☐ III		☐ IV		☐ V		☐ VI	
	Nr.	in J/m²	in Min	in J/m²	in Min	in J/m²	in Min	in J/m²	in Min	in J/m²	in Min	in J/m²	in Min
Besonnungen	1	Ausschlusskriterium! UV-Bestrahlungsgerät sollte nicht benutzt werden!				100		100		100		100	
	2					150		200		250		300	
	3					150		200		250		300	
	4					200		300		400		500	
	5					200		300		400		500	
	6					250		350		550		600	
	7					250		350		550		600	
	8					250		350		550		600	
	9					350		450		600		600	
	10					350		450		600		600	

Umrechnung Joule in Bestrahlungszeit: Joule / Bestrahlungsstärke / 60 = Bestrahlungszeit in min

Bitte beachten Sie die folgenden 10 Grundregeln bei der Nutzung von UV-Bestrahlungsgeräten

1. Bitte halten Sie sich an die im Dosierungsplan ausgewiesenen Zeiten und das gewählte Gerät.
2. Wenn Sie die Bestrahlungsserie um ein bis vier Wochen unterbrechen, beginnen Sie bitte wieder mit einer um eine Stufe verringerten Bestrahlungszeit. Bei einer Unterbrechung von mehr als vier Wochen bginnen Sie bitte wieder mit der Stufe eins.
3. Die Stärke der ersten Bestrahlung soll 100 Joule pro Quadratmeter nicht überschreiten. Das entspricht der Bestrahlungszeit in Ihrem Dosierungsplan.
4. Bitte nehmen Sie pro Tag maximal eine UV-Bestrahlung.
5. Bitte halten Sie zwischen den UV-Bestrahlungen einen zeitlichen Abstand von 48 Stunden ein.
6. Bitte nehmen Sie maximal 3 UV-Bestrahlungen pro Woche.
7. Bitte nehmen Sie maximal 10 UV-Bestrahlungen pro Monat
8. Bitte nehmen Sie maximal 10 UV-Bestrahlungen innerhalb einer Serie.
9. Bitte legen Sie nach einer Serie von UV-Bestrahlungen eine Pause ein, die genauso lang ist wie die Dauer der Serie.
10. Bitte nehmen Sie maximal 50 UV-Bestrahlungen pro Jahr.

Geräteeinweisung und Beratungsprotokoll

Am heutigen Tag hat sich der unten genannte Interessent in unserem Unternehmen einen Dosierungsplan erstellen lassen und/oder sich nach der Nutzung der Solarien erkundigt. Im Beratungsgespräch wurde insbesondere auf die folgenden Punkte hingewiesen:

Sonnenschutzmittel oder **Bräunungsbeschleuniger** können photosensibilisierende Substanzen enthalten und sollten deshalb während der UV-Bestrahlung nicht benutzt werden.

Kosmetika können photosensibilisierende Substanzen enthalten und sollten deshalb einige Stunden vor und während der UV-Bestrahlung nicht benutzt bzw. rechtzeitig entfernt werden.

Bei einigen **Arzneimitteln** sind photosensibilisierende Nebenwirkungen nachgewiesen worden. Sofern Sie Arzneimittel einnehmen, lesen Sie bitte die Packungsbeilage oder fragen Sie Ihren Arzt oder Apotheker.

UV-Strahlen können die Augen schädigen. Schützen Sie deshalb während der UV-Bestrahlung ihre Augen mit einer geeigneten **Schutzbrille.** "Normale" Sonnenbrillen oder Kontaktlinsen bieten keinen ausreichenden Schutz. Angebot der Schutzbrille erfolgte.

Um die Bildung eines Sonnenbrandes zu verhindern, halten Sie sich bitte an die Empfehlungen des auf Sie individuelle abgestimmten **Dosierungsplanes** und die darin enthaltenen Empfehlungen.

Um Schäden durch UV-Strahlen an insbesondere der Haut zu vermeiden, nehmen Sie bitte pro Tag nur eine UV-Bestrahlung und halten zwischen den UV-Bestrahlungen einen **Mindestabstand** von 48 Stunden.

Bitte vermeiden Sie bei der UV-Bestrahlung die Bildung eines **Sonnenbrandes** (Hautrötung, Blasen). Bei einem Sonnenbrand dürfen keine weiteren UV-Bestrahlungen bis zur vollständigen Abheilung des Sonnenbrandes genommen werden.

Sollten innerhalb von ca. 48 Stunden nach einer UV-Bestrahlung **unerwartete Effekte** auftreten wie z.B. Hautjucken, sollten Sie vor weiteren UV-Bestrahlungen einen ärztlichen Rat einholen.

Die Konstruktion der Solarien sieht definierte Abstände zu den Lampen vor, die eingehalten werden müssen. Benutzen Sie ein Solarium nicht, wenn Beschädigungen am Gerät festzustellen sind oder die vorgesehenen Abstände nicht eingehalten werden können. Eine **Geräteeinweisung** erfolgte.

UV-Strahlung führt zu Zellschäden, die **akute oder chronische Krankheitsbilder** zeigen können. Zu den möglichen Schäden gehören: Sonnenbrand, vorzeitige Hautalterung, Hautkrebserkrankungen, Schäden an den Augen.

Minderjährige dürfen ein Solarium nicht benutzen. Auch nicht mit einer Genehmigung der Erziehungsberechtigten.

Personen, die das Solarium nicht benutzen, dürfen in der **Kabine** nicht anwesend sein, wenn das Solarium betrieben wird. Dies gilt besonders für Minderjährige.

Der Interessent bestätigt mit seiner Unterschrift, dass er eine Kopie des Dosierungsplanes, der Hauttypenbestimmung und eine **Informationsschrift** zu den Gefahren und Risiken der UV-Bestrahlung ausgehändigt und zur Kenntnis genommen hat.

Ort / Datum   Unterschrift Interessent und Anbieter:

4.3   Informations- und Dokumentationspflichten

Entsprechend den Forderungen der UV-Schutz-Verordnung hat der Betreiber eines UV-Bestrahlungsgerätes zahlreiche Informations- und Dokumentationspflichten einzuhalten. Nachfolgend finden Sie am Beispiel eines Grundrisses eines fiktiven Sonnenstudios eine „Checkliste" dazu, welche Informationen und Angebote an welcher Stelle in einem Sonnenstudio erfolgen sollen

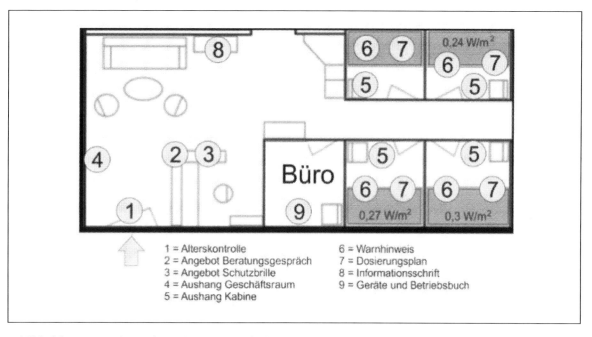

1 = Alterskontrolle
2 = Angebot Beratungsgespräch
3 = Angebot Schutzbrille
4 = Aushang Geschäftsraum
5 = Aushang Kabine

6 = Warnhinweis
7 = Dosierungsplan
8 = Informationsschrift
9 = Geräte und Betriebsbuch

(Abbildung 75: Grundriss Sonnenstudio).

Praxishinweis:

In dem dargestellten Beispiel sind drei unterschiedlich starke UV-Bestrahlungsgeräte eingezeichnet. Das Dokument Nr. 7 (Dosierungsplan), kann deshalb nicht in jeder Kabine gleich sein. Im Dosierungsplan müssen unterschiedliche Daten eingetragen sein. Die Dokumente 5 und 6 (Warnhinweis und Aushang in der Kabine) sind hingegen identisch.

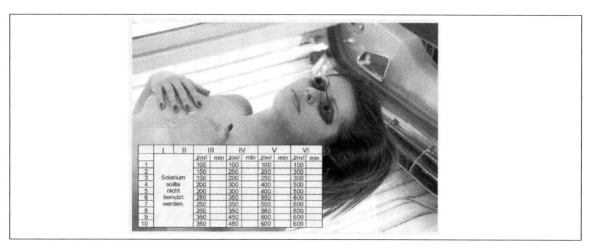

Abbildung 76: Dosierungsplan

5	Praxisbeispiele und Übungen

5.1 Praxisbeispiele

- Fallbeispiel 1:

  Ein Kunde wurde mit Neurodermitis (alternativ Schuppenflechte oder Akne) vom Hautarzt zur Bestrahlung ins Sonnenstudio geschickt. Was müssen Sie dem Kunden im Beratungsgespräch mitteilen?

- Fallbeispiel 2:

  Ein Kunde lehnt das angebotene Beratungsgespräch ab und möchte ohne Beratungsgespräch besonnen. Wie ist sinnvoller Weise weiter vorzugehen?

- Fallbeispiel 3:

  Nach dem Beratungsgespräch lehnt der Kunde die Erstbestrahlung von 5:30 min ab und möchte mindestens 10 Minuten besonnen. Wie ist weiter vorzugehen?

- Fallbeispiel 4:

  Ein Kunde lehnt das angebotene Beratungsgespräch mit der Argumentation ab, dass er schon Kunde in einem anderen Sonnenstudio sei und dort das Beratungsgespräch schon bekommen habe und seinen Dosierungsplan ebenfalls schon besitze und deshalb in Ihrem Studio ohne erneutes Beratungsgespräch besonnen möchte. Wie handeln Sie?

- Fallbeispiel 5:

  Im Beratungsgespräch stellen Sie für ihren Kunden ein Ausschlusskriterium fest und empfehlen dem Kunden, das Solarium nicht zu nutzen. Dieser lehnt ab und bietet an, das Solarium auf eigenes Risiko zu nutzen. Was sollten sie tun?

5.2 Übungen

- Übung 1:

  Bestimmen Sie Ihren Hauttyp an Hand des im Lehrbuch vorgestellten Hauttypenbestimmungsbogens.

- Übung 2:

  Berechnen Sie die Dauer der Erstbestrahlung von 100 J pro Quadratmeter für eine Sonnenbank mit einer Bestrahlungsstärke von 0,28 Watt pro Quadratmeter.

Wie verändert sich dieser Bestrahlungsplan wenn die Röhren nach ca. 500 Betriebsstunden ungefähr 20 % an Leistung verloren haben?

- Übung 3:

Ein Kunde soll im Rahmen seines Dosierungsplanes mit 300 J auf einer Sonnenbank mit 0,3 Watt erythemwirksamer Bestrahlungsstärke bestrahlt werden. Wie lange soll der Kunde bestrahlt werden?

- Übung 4:

Ein Kunde soll im Rahmen seines Dosierungsplanes mit 300 J auf einer Sonnenbank mit 0,24 Watt erythemwirksamer Bestrahlungsstärke bestrahlt werden. Wie lange ist die Bestrahlungszeit des Kunden?

- Übung 5:

Ein Kunde kommt aus dem Urlaub zurück und möchte seine Urlaubsbräune behalten. Welche Informationen benötigen Sie für die Erstellung des individuellen Dosierungsplanes und wie sieht dieser aus?

- Übung 6:

Ein Kunde möchte zur Vorbereitung auf seinen Badeurlaub eine leichte Bräune als Schutz aufbauen. Was müssen Sie diesem Kunden raten und warum?

- Übung 7:

Entnehmen Sie den Betriebsbüchern der Solarien in Ihrem Betrieb die Werte der Bestrahlungsstärke der Geräte und erstellen Sie für den Hauttypen III einen Dosierungsplan für ihr stärkstes und schwächstes Gerät.

	stärkstes Gerät	Schwächstes Gerät
Erythemwirsame Bestrahlungsstärke:	W/m²	W/m²
100 Joule	min	min
150 Joule	min	min
150 Joule	min	min
200 Joule	min	min
200 Joule	min	min
250 Joule	min	min
250 Joule	min	min
250 Joule	min	min
350 Joule	min	min
350 Joule	min	min

- Übung 8:

  Sie haben den Hauttypen eines Neukunden in ihrem Betrieb bestimmt (Hauttyp III) und keine Ausschlusskriterien festgestellt. Welches Ihrer unter Übung 7 bezeichneten Geräte soll der Kunde für die Erstbestrahlung nutzen und warum?

- Übung 9:

  Welche Beschriftung findet sich auf den UV-Schutzbrillen, die Sie in Ihrem Betrieb den Kunden zur Verfügung stellen. Bringen Sie eine Schutzbrille mit zum Seminar.

6	Begriffsbestimmungen

6.1   Definitionen (Quelle UV-Fibel)

Absorption

Als Absorption wird die Aufnahme von Strahlung durch stoffliche Materie und ihre Umwandlung in andere Energieformen bezeichnet. Beispielsweise absorbieren Filter bestimmte Strahlungsanteile und wandeln diese in Wärme um. Es können aber auch photochemische und -biologische Prozesse eingeleitet werden (z. B. Stoffänderungen).

Bestrahlung (auch: Dosis) (H) Einheit: J/m^2

Die „Strahlungsmenge", die während der Bestrahlungsdauer die bestrahlte Fläche erreicht, wird als Bestrahlung (Dosis) bezeichnet. Sie wird aus der Bestrahlungsstärke und der Bestrahlungsdauer (t) berechnet und in der Maßeinheit $[J/m^2]$ (Joule pro qm) angegeben, wobei 1 J = 1 Ws (Wattsekunde) gilt. Die Bestrahlung (Dosis) von $1\ J/m^2$ entspricht einer Bestrahlungsstärke von $1\ W/m^2$, die 1 Sekunde lang einwirkt.

Bei konstanten Betriebsbedingungen und nach Einbrennen der Lampen kann die Bestrahlungsstärke im Solarium als zeitlich konstant angesehen werden. Für diesen speziellen Fall kann die Dosis (H) einfach aus dem Produkt zwischen Bestrahlungsstärke (E) und der Expositionsdauer (t) bestimmt werden. Hierbei gilt: $H = E \cdot t$

Bestrahlungsstärke (E) Einheit: W/m^2

Die auf eine definierte Fläche einwirkende Strahlungsleistung (Verhältnis von Strahlungsleistung und bestrahlter Fläche) bezeichnet man als Bestrahlungsstärke. Sie wird u. a. beeinflusst von der Lampenart, vom Reflektorsystem, von der Anzahl der Lampen und vom Bestrahlungsabstand. Die Einheit ist $[W/m^2]$ (Watt pro qm) oder $[mW/cm^2]$ (Milliwatt pro qcm). Es gilt: $10\ W/m^2 = 1\ mW/cm^2$.

Bräunungswirksamkeit

Der Begriff Bräunungswirksamkeit beschreibt die Fähigkeit ultravioletter Strahlung, in der Haut nach Überschreiten der jeweiligen Schwellenbestrahlung eine Bräunung hervorzurufen. Bei der Bräunungswirksamkeit wird zwischen der indirekten Pigmentierung (Pigmentneubildung) und direkten Pigmentierung (Pigmentdunkelung) unterschieden. Die beiden Pigmentierungsarten weisen unterschiedliche Abhängigkeiten von der Wellenlänge auf.

Energie der Strahlung (auch: Quanten oder Photonenenergie)

Strahlung ist Energie. Gemeinsames Merkmal aller Wellenlängenbereiche elektromagnetischer Strahlung ist der Energietransport. Dabei gilt: Je kleiner die Wellenlänge, desto größer ist die transportierte Energie. Ultraviolette Strahlung ist daher energiereicher als Licht, und Licht ist energiereicher als Infrarotstrahlung.

Erythemwirksame Bestrahlungsstärke

Zur Bewertung der biologischen Wirksamkeit eines Solariums wird seine erythemwirksame Bestrahlungsstärke E_{er} durch Gewichtung der gemessenen spektralen Bestrahlungsstärke in der Nutzfläche mit dem Referenz-Wirkungsspektrum für das UV-Erythem nach CIE berechnet. Maßgebend für die Bewertung ist hierbei der Punkt maximaler Bestrahlungsstärke in der Nutzfläche.

Erythemwirksamkeit

Der Begriff Erythemwirksamkeit bezeichnet die Fähigkeit ultravioletter Strahlung, in der Haut nach Überschreitung bestimmter Schwellenwerte wie z. B. der Erythemschwellendosis bzw. der Schwellenbestrahlungsdauer einen Sonnenbrand hervorzurufen. Auf Grund der Abhängigkeit der Erythemempfindlichkeit der Haut von Dosis und Wellenlänge (vgl. „Aktionsspektrum des UV-Hauterythems"), wird die Erythemwirksamkeit einer UV-Strahlungsquelle durch ihre Spektralverteilung und durch ihre Bestrahlungsstärke bestimmt.

Gleichmäßigkeitsfaktor

Ein Solarium kann je nach Anzahl der Bestrahlungsmodule mehrere Nutzflächen besitzen. Innerhalb einer jeden Nutzfläche muss die Einhaltung des Gleichmäßigkeitskriteriums erfüllt sein. Dies bedeutet, dass innerhalb einer jeden Nutzfläche das Maximum der wirksamen Bestrahlungsstärke nicht größer sein darf als der 2,5-fache Wert ihres Minimums.

Nutzfläche

Die Nutzfläche eines Solariums ist diejenige zusammenhängende Fläche, die als repräsentativ für die bestrahlte Fläche des Körpers oder Körperteils anzusehen ist. Die Nutzfläche befindet sich bei den meisten Geräten in einem durch die Konstruktion festgelegten und nicht veränderbaren Abstand zur Strahlungsaustrittsfläche des entsprechenden Bestrahlungsmoduls (z. B. Liegefläche eines Solariums). Bei Geräten ohne fest vorgegebenem Abstand der Nutzfläche zur Strahlungsaustrittsfläche muss der Bestrahlungsabstand vom Hersteller definiert werden, damit genaue Dosierungen über die Bestrahlungszeit möglich sind. Die Bestrahlungsmodule enthalten die

Optisch wirksame Bauteile

Optisch wirksame Bauteile sind die UV-Strahlungsquellen (Lampen), Reflektoren, Filter und Acrylglasscheiben. Diese Bauteile bestimmen einzeln und in ihrer Kombination die Spektralverteilung und die Bestrahlungsstärke eines Solariums.

Referenzsonne

Auf Grund der großen Variabilität der die Erdoberfläche erreichenden Solarstrahlung hat man in der Deutschen Industrienorm DIN 67501 (1999) zu Vergleichszwecken eine standardisierte Spektralverteilung im UV-Bereich definiert. Diese als „Referenzsonne" bezeichnete spektrale UV-Bestrahlungsstärke der Solarstrahlung stellt den an der Erdoberfläche bei Sonnenhöchststand (90°) in den Tropen annähernd zu erwartenden Maximalwert der ultravioletten Sonneneinstrahlung dar, dem auch ein Maximum an biologischer Wirksamkeit zukommt.

Reflexion und Remission

Trifft Strahlung auf stoffliche Materie, so kann sie je nach Einfallswinkel der Strahlung und je nach Materialbeschaffenheit von der Oberfläche total (spiegelnd) oder diffus (gestreut) zurückgeworfen werden (Reflexion). In Materie eingedrungene Strahlung kann dort an Zellbausteinen gestreut werden und zum Teil wieder austreten (Remission). Die Aufgabe von Reflektoren ist die Bündelung und Lenkung von Strahlung durch Reflexion.

Schwellenbestrahlungsdauer (ts)

Als Schwellenbestrahlungsdauer wird die notwendige Bestrahlungszeit bezeichnet, die eine (biologische oder chemische) Wirkung in Gang setzt. Im Fall der Bildung des UV-Hauterythems wird als erythemwirksame Schwellenbestrahlungsdauer diejenige Bestrahlungszeit ermittelt, die eine gerade noch erkennbare Hautrötung hervorruft. Die Schwellenbestrahlungsdauer kann individuell unterschiedlich sein (vgl. „Hauttypen").

Sonnen-Erythem-Faktor

Als ein weiteres Kriterium zur Kennzeichnung eines Solariums wird mit Hilfe der erythemwirksamen Bestrahlungsstärke durch Berechnung des Sonnen-Erythem-Faktors die absolute Erythemwirksamkeit charakterisiert. Hierzu werden die Beträge der erythemwirksamen Bestrahlungsstärke des Solariums und der Referenzsonne miteinander verglichen.

Mit dem aufgerundeten Betrag 0,3 W/m^2 repräsentiert die Referenzsonne annähernd den Maximalwert der in den Tropen in Meeresspiegelhöhe und bei wolkenlosem Himmel mittags zu erwartenden erythemwirksamen Bestrahlungsstärke der Sonne. Der Sonnen-Erythem-Faktor gibt daher das Verhältnis der vom Bestrahlungsgerät erzeugten erythemwirksamen Bestrahlungsstärke zum annähernden Maximum der Erythemwirksamkeit der Sonne in den Tropen an. Bei einem Sonnen-Erythem-Faktor kleiner als 1,0 ist das Solarium weniger wirksam als die maximale Tropensonne, während bei einem Sonnen-Erythem-Faktor größer als 1,0 das Gerät eine höhere Wirksamkeit als die intensivste Sonnenstrahlung aufweist.

Spektrale Wirkungsfunktion

Die auch als Aktionsspektrum bezeichnete spektrale Wirkungsfunktion gibt den Bereich des optischen Spektrums an, durch den eine Wirkung ausgelöst wird. Die wichtigsten photobiologischen spektralen Wirkungsfunktionen sind in der Deutschen Industrienorm DIN 5031, Teil 10, angegeben.

Spektrum

Die wellenlängenabhängige Zusammensetzung einer Strahlung wird Spektrum oder spektrale Strahlungsleistungsverteilung genannt. Aus dem Spektrum lässt sich beispielsweise herauslesen, wie hoch der Anteil der UV-Strahlung, des Lichts oder der Infrarotstrahlung ist.

Strahlungsleistung (auch: Strahlungsfluss) (Φ) Einheit: W

Die gesamte in Form von Strahlung (auch Licht) abgegebene Leistung einer Strahlungsquelle bezeichnet man als Strahlungsleistung. Die Sonne ist eine natürliche Strahlungsquelle, die Lampen in den Solarien sind künstliche Strahlungsquellen. Die Strahlungsleistung ist unabhängig von der Lampen- und Messgeometrie und wird in [W] (Watt) angegeben.

Transmission und Durchlässigkeit

Als Transmission wird das Durchdringen stofflicher Materie durch Strahlung bezeichnet. Sie hängt in ihrem Ausmaß von der als spektrale Transparenz bezeichneten Durchlässigkeit des Stoffes für die Strahlung ab. Die in Solarien häufig verwendeten Acrylglasscheiben weisen z. B. für UV-Strahlung eine hohe Transparenz auf. Daher ist die Transmission der UV-Strahlung durch Acrylglasscheiben groß.

Ultraviolette Strahlung als Teil der optischen Strahlung

Ultraviolette Strahlung (UV-Strahlung), sichtbare Strahlung (Licht) und infrarote Strahlung können mit „optischen" Mitteln wie Linsen, Prismen, Spiegeln, Reflektoren, Filter u. a. nach den gleichen physikalischen Gesetzmäßigkeiten beeinflusst werden und werden daher unter dem Begriff „Optische Strahlung" zusammengefasst. Sie gehören ihrer Natur nach zum Bereich der elektromagnetischen bzw. Photonenstrahlung, die durch ihre Wellenlänge oder durch ihre Frequenz charakterisiert ist. Während die optische Strahlung den Wellenlängenbereich zwischen 100 Nanometer (nm; 1 nm = 1 milliardstel Meter) und 1 Millimeter (mm) umfasst, erstreckt sich der Gesamtbereich elektromagnetischer Strahlung von der ionisierenden Strahlung (Röntgen- und Gamma-Strahlung) mit Wellenlängen unter 100 nm über die Radiowellen bis zu den Netzspannungen mit Wellenlängen im Kilometerbereich.

UV-A, UV-B und UV-C

Ultraviolette Strahlung (100 nm–400 nm) ist für das menschliche Auge unsichtbar und wird infolge ihrer unterschiedlichen physiologischen und photochemische Wirkung in die Teilbereiche UV-C, UV-B und UV-A unterteilt.

Wellenlänge (λ) Einheit: nm

Elektromagnetische Strahlung (wie z. B. UV-Strahlung) breitet sich wellenförmig mit Lichtgeschwindigkeit (c = 2,99793 · 108 m/s ≈ 300 000 km/s) aus, und es gilt die Beziehung λ = c / v, die die Wellenlänge 1 mit der Frequenz n (Anzahl der Schwingungen pro Zeiteinheit) in Beziehung setzt. Aus der Gleichung ist zu ersehen, dass die Wellenlänge um so größer ist, je kleiner ihre Frequenz ist. Die Frequenz wird in der Einheit Hertz (Hz) oder (s–1) gemessen. Im Bereich der optischen Strahlung ist als Messgröße die Wellenlänge in der Einheit Nanometer (nm) üblich. 1 nm ist der millionste Teil eines Millimeters oder der milliardste Teil eines Meters (1 nm = 0,000000001 m = 10^{-9} m).

Wirksame (effektive) Strahlung

Unter wirksamer Strahlung versteht man diejenige Strahlung, die einen Prozess oder eine Wirkung auslöst. Zum Beispiel spricht man bei der Entstehung des Sonnenbrandes von der erythemwirksamen Strahlung und bei der Hautbräunung von der pigmentierungswirksamen Strahlung.

Übersichtswerke:

1. **Melanins and Melanogenesis**, Verlag: Elsevier Science, 1992, ISBN-13: 9780323139397
2. **Melanins and Melanosomes, Biosynthesis, Biogenesis, Physiological and Pathological Functions,** Wiley-Vch Wiley-Blackwell, 2011, ISBN-13: 9783527328925, Best.-Nr.:32758885
3. **Sunscreen Photobiology: Molecular, Cellular and Physiological Aspects,** 2013, Springer Verlag Berlin Heidelberg, ISBN-13: 9783662101377, Best.-Nr.: 39497613
4. **Strahlen und Gesundheit**, Nutzen und Risiken, Wiley-Vch 2012, ISBN-13: 9783527410996, Best.-Nr.: 35676451
5. **Dermatologie**, Thieme Verlag 2010, 7. Aufl., ISBN-13: 978313266873, Best.-Nr.: 28111031
6. **Immunsuppressiva und das Hautkrebsrisiko bei Transplantationspatienten**, 2010, Südwestdeutscher Verlag für Hochschulschriften, ISBN-13: 9783838113982, Best.-Nr.: 28817141
7. **Melanin: Biosynthesis, Functions and Health Effects**, NOVA SCIENCE PUB Inc Verlag, ISBN-13: 9781621009917, Best.-Nr.: 1621009912
8. **Photobiology: Principles, Applications and Effects**, NOVA SCIENCE PUB Inc Verlag, ISBN-13: 9781616680053, Best.-Nr.: 35013374
9. **Environmental UV Photobiology**, Springer Verlag Berlin, 2013, ISBN-13: 9781489924087, Best.-Nr.: 39939632
10. **Photochemistry and Photobiology of Nucleic Acids**, Verlag Elsevier, 2012, ISBN-13: 9780323150033, Best.-Nr.: 39037754
11. **Biophysical and Physiological Effect of Solar Radiation on Human Skin**, European Society for Photobiology, ROYAL SOC OF CHEMISTRY, 2007, ISBN-13: 9780854042890, Best.-Nr.: 25541982
12. **Photochemical and Photobiological Reviews**, 2013, Springer Verlag Berlin, ISBN-13: 9781468425796, Best.-Nr.: 39617815
13. **Photobiology of the Skin and Eye,** 1986, Informa Healthcare, ISBN-13: 9780824776244, Best.-Nr.: 0824776240
14. **The Science of Photomedicine,** 2012, Springer Verlag Berlin, ISBN-13: 9780306409240, Best.-Nr.: 27622064

Weiterführende Literaturlisten zu den im Lehrbuch vorgestellten Themenkomplexen sind auf Anfrage beim Autor unter groening@dr-groening.de als PDF-Datei zu bekommen.

8	Abbildungsverzeichnis

Abbildung 20: Wirkungsspektrum direkte und indirekte Pigmentierung (Quelle: Dr. Gröning)

Abbildung 21: Sonnenbrand als Folge einer UV-Überdosierung (Quelle: www.fotolia.de)

Abbildung 22: Verbrennungen 1. 2. und 3. Grades (Quelle: www.fotolia.de)

Abbildung 23: Johanneskraut und Herkulesstaude als Beispiele für photo-allergische und phototoxische Substanzen (Quelle: www.fotolia.de)

Abbildung 24: Auswahl der derzeit ca. 300 bekannten photosensibilisierenden Substanzen
(Quelle: Dr. Gröning)

Abbildung 25: Absorptionsspektrum der DNA (Quelle: Dr. Gröning)

Abbildung 26: Vorzeitige Hautalterung durch UV-Strahlung (Quelle: www.nejm.de)

Abbildung 27: UV-scan einer 35 jährigen Frau (Quelle: *http://www.geeky-gadgets.com/wp-con* *tent/uploads/2012/04/UofCCancerCenter_610x406.png)*

Abbildung 28: Modellvorstellung der Karzinogenese (Quelle: Dr. Gröning)

Abbildung 29: Ursprung und Bezeichnung verschiedener Hautkrebsarten (Quelle: Dr. Gröning)

Abbildung 30: Beispiele für harmlose und gefährliche Veränderungen der Haut (Quelle: www.fotolia.de)

Abbildung 31: Entstehung des malignen Melanoms (Quelle: www.fotolia.de)

Abbildung 32: Atypischer Leberfleck (Quelle: www.fotolia.de)

Abbildung 33: Erbliches Melanom als Ausschlusskriterium (Quelle: Dr. Gröning, www.fotolia.de)

Abbildung 34: Längsschnitt durch das menschliche Auge (Quelle: Dr. Gröning, www.fotolia.de)

Abbildung 35: Absorption von UV-Strahlung im menschlichen Auge (Quelle: Dr. Gröning)

Abbildung 36: Bindehaut-/Hornhaut-entzündung und UV-Schutzbrille (Quelle: Dr. Gröning, www.fotolia.de)

Abbildung 37: UV-Schutzbrille (Quelle: Dr. Gröning, www.fotolia.de)

Abbildung 38: Pterygium (www.fotolia.de)

Abbildung 60: Filterscheibe im Neuzustand und „zerbrochen" (Quelle: Dr. Gröning).

Abbildung 62: Stopptaste und Notabschaltung von unterschiedlichen UV-Bestrahlungsgeräten (Quelle: Dr. Gröning)

Abbildung 63: Zerkratzte (links) und gerissene (rechts) Acrylglasscheibe (Liegefläche, optisch wirksames Bauteil) eines UV-Bestrahlungsgerätes (Quelle: Dr. Gröning).

Abbildung 64: Geräteaufkleber „Warnhinweis" (Quelle: Dr. Gröning)

Abbildung 65: Geräteaufkleber „Dosierungsplan" (Quelle: Dr. Gröning)

Abbildung 66: Erythemwirksame Bestrahlungsstärke von 0,3 Watt pro Quadratmeter (Quelle: Dr. Gröning)

Abbildung 67: Vorbildliche Notabschaltung eines AYK-Bestrahlungsgerätes (Quelle: Dr. Gröning).

Abbildung 68: Zerbrochene Liegefläche (Quelle: Dr. Gröning)

Abbildung 69: Zerbrochene Leuchtstoffröhre (Quelle: Dr. Gröning)

Abbildung 70: Muster eines Geräte- und Betriebsbuches (Quelle: Dr. Gröning)

Abbildung 71: Muster eines Gerätepasses, der oft als Geräte- und Betriebsbuch bezeichnet wird (Quelle: Dr. Gröning)

Abbildung 72: Ablaufplan eines Beratungsgespräches (Quelle: Dr. Gröning)

Abbildung 73 und 74: Muster einer Hauttypenbestimmung und eines Dosierungsplanes (Quelle: Dr. Gröning)

Abbildung 75: Grundriss Sonnenstudio (Quelle: Dr. Gröning)

Abbildung 76: Dosierungsplan (Quelle: Dr. Gröning)

9	Lösungen zu den Übungsaufgaben

Welche Teile des elektromagnetischen Strahlenspektrums gehören zur sog. Optischen Strahlung?

o   UV-Strahlung, sichtbares Licht (VIS), Infrarotstrahlung (IR)

Von welchen Faktoren hängt die Intensität der natürlichen Sonnenstrahlung ab?

o   die Intensität der natürlichen Sonnenstrahlung hängt ab von Breitengrad, Jahreszeit und Tageszeit

Je kürzer die Wellenlänge einer elektromagnetischen Strahlung...

o   desto höher ist die Energie

Die in einer Sonnenbank künstlich erzeugte UV-Strahlung kann mit dem menschlichen Auge...

o   grundsätzlich nicht gesehen werden

Was versteht man unter dem Begriff der Referenzsonne nach DIN?

o   Die Stärke der Sonne am Äquator zur Mittagszeit in Höhe des Meeresspiegels.

Ein UV-Bestrahlungsgerät gehört in den Anwendungsbereich der UV-Schutz-Verordnung, wenn es die nachfolgenden Kriterien erfüllt:

o   es muss eine UV-Strahlungsquelle vorhanden sein, die im gewerblichen Bereich zu kosmetischen Zwecken am Menschen eingesetzt wird.

Wie hoch ist die zulässige erythemwirksame Bestrahlungsstärke einer Sonnenbank?

o   0,3 Watt pro qm

Welche Funktion übernimmt die Ozonschicht in Bezug auf die UV-Strahlung?

o   Die Ozonschicht filtert die gefährliche UVC-Strahlung aus dem Spektrum der Sonnenstrahlung vollständig heraus.

Die Wellenlänge der optischen Strahlung wird angegeben in

o   Nanometern

Welche der nachfolgenden UV-Bestrahlungsgeräte gehören in den Anwendungsbereich der UV-Schutz-Verordnung?

o   Solarien

Warum ist UVA-Strahlung für den Menschen weniger gefährlich als UVB-Strahlung

o   UVA-Strahlung hat eine längere Wellenlänge als UVB-Strahlung und damit einen geringeren Energiegehalt

Die Bestrahlungsstärke eines Solariums kann gemessen werden mit...

o   einem Spektralradiometer

Im Solarium erzeugte, künstliche UV-Strahlung vergleichbarer Dosierung und Strahlenzusammensetzung ist

o   natürlicher Sonnenstrahlung vergleichbar

Unter welchen Bedingungen ändert sich das Strahlenspektrum einer Niederdruckentladungslampe nicht mehr?

o   nach erfolgter Einbrenndauer und unter konstanten Betriebsbedingungen

Das Spektrum einer Strahlungsquelle beschreibt...

o   die wellenlängenabhängige Zusammensetzung einer Strahlung

Welche drei wichtigen Zellorganellen sind in der Lage, UV-Strahlung zu absorbieren?
- o　Zellmembranen, DNA, Mitochondrien

Welche Verhaltensempfehlungen lassen sich aus der sog. photobiologischen Wirkungskette für die Nutzung von UV-Bestrahlungsgeräten ableiten?
- o　Eine Pause nach jeder UV-Bestrahlung von mindestens 48 Stunden

Warum bekommt der Hauttyp VI im Gegensatz zu Hauttyp I oder II nur sehr selten einen UV-bedingten Hautkrebs?
- o　Wegen der sehr starken Pigmentierung und ausgezeichneten Reparaturmechanismen.

Was versteht man unter Apoptose?
- o　Den sog. programmierten Zelltod bei Zellen, die nicht mehr repariert werden können.

Wie lange dauert es ungefähr, bis UV-Strahlung im menschlichen Gewebe einen Schaden hervorruft?
- o　8-10 Sekunden.

Um eine biologische Wirkung durch UV-Strahlen auslösen zu können, müssen zwei Schritte nacheinander ablaufen. Welche sind das?
- o　Aufnahme der UV-Strahlung durch ein Gewebe und danach die Absorption der Energie der UV-Strahlung durch eine Struktur in diesem Gewebe.

Was ist die wesentliche Funktion der sog. photobiologischen Wirkungskette?
- o　Die Reparatur von durch UV-Strahlung geschädigten Zellen und Zellorganellen.

Eine akute Überdosierung der Haut mit UV-Strahlung lässt sich erkennen an...
- o　Sonnenbrand

Warum ist Sonnenbrand (entweder ein akuter Sonnenbrand oder zahlreiche Sonnenbrände in Kindheit und Jugend) ein Ausschlusskriterium?
- o　Sonnenbrand ist ein Zeichen für eine Überdosierung von UV-Strahlung und damit für eine schwere Gewebeschädigung.

Dürfen schwangere Frauen ein UV-Bestrahlungsgerät benutzen?
- o　Ja

Welche Funktionen übernimmt die menschliche Haut?
- o　Mechanischer Schutz, chemischer Schutz, physikalischer Schutz, Kommunikationsorgan und Temperaturregulation (Wärmeabgabe).

Benennen Sie die drei Schichten der Haut von Außen nach Innen.
- o　Oberhaut, Lederhaut, Unterhaut.

Wie tief dringt die UV-Strahlung (UVA) in die menschliche Haut ein?
- o　Bei normal dicker Haut bis in die Mitte der Lederhaut.

Ein gesunder Mensch verfügt über körpereigene Schutzmechanismen gegen die Wirkung der UV-Strahlung. Welche sind das?
- o　Lichtschwiele, Pigmentierung

Welche der nachfolgenden Wirkungen der UV-Strahlung gehören zu den akuten Wirkungen der UV-Strahlung, die die Haut betreffen.
- o　Photoallergische Reaktionen, phototoxische Reaktionen, Sonnenbrand

Welches sind die möglichen chronischen Wirkungen, die die Haut in Folge von UV-Strahlung betreffen?

     o   Vorzeitige Hautalterung, Hautkrebs.

Was versteht man unter der sog. direkten Pigmentierung?

     o   Die Dunkelung und Umverteilung von bereits vorhandenem Melanin durch UVA-Strahlung.

Welche Formen von Hautkrebs der Oberhaut sind Ihnen bekannt?

     o   Melanom, Spinaliom, Basaliom.

Warum bietet die direkte Pigmentierung keinen ausreichenden Schutz der DNA vor UV-Strahlen?

     o   Sie hält nur kurz an und schütz tiefer liegendes Gewebe nur minimal.

Was versteht man unter einem Summationsgift?

     o   Bei Summationsgiften summieren sich kleine, unmerkliche Schäden im Laufe der Zeit und führen erst viel später zur Manifestation eines Schadens.

Wie funktioniert der Schutzmechanismus der Lichtschwiele?

     o   Abgestorbene Zellen der Hornschicht bilden eine bis zu zweihundert Zellen dicke Schutzschicht, die UV-Strahlung (teilweise) absorbiert und so das tiefer liegende Gewebe schützt.

Was versteht man unter der indirekten Pigmentierung (Melanogenese)?

     o   Bei der indirekten Pigmentierung wird hauptsächlich durch UVB-Strahlung neues Melanin gebildet und in der Oberhaut gleichmäßig verteilt.

Durch UV-Strahlung erzielt man den kosmetisch gewünschten Bräunungseffekt der Haut. Wodurch wird die Bildung der braunen Farbe (Melanin) ausgelöst?

     o   Nach einer Schädigung der Zellmembranen und der DNA der Melanozytenzellen wird Melanin als Schutz gebildet.

Warum soll die erste Bestrahlung im Dosierungsplan ca. einhundert Joule pro Quadratmeter nicht überschreiten aber auch nicht unterschreiten?

     o   Die erste Bestrahlung ist eine Testbestrahlung, die gerade so stark sein soll, dass sie mögliche photosensible Reaktionen auslöst, aber nicht so stark, dass der Nutzer einen ernsten Schaden nehmen kann.

Der auf dem UV-Bestrahlungsgerät angebrachte Dosierungsplan zeigt eine erythemwirksame Bestrahlungsstärke des Gerätes von weniger als 0,3 Watt pro Quadratmeter (0,24) und eine Zeit für die Erstbestrahlung von 5:30 min. Was ist falsch?

     o   Nur bei Geräten, die genau eine erythemwirksame Bestrahlungsstärke von 0,3 Watt pro Quadratmeter abgeben, ist die Dauer der Erstbestrahlung ca. 5:30 min. Bei geringeren Bestrahlungsstärken ist die Dauer der Erstbestrahlung länger als 5:30 min.

Welche akuten Wirkungen der UV-Strahlung auf das menschliche Auge sind Ihnen bekannt?

     o   Bindehautentzündung und Hornhautentzündung

Wozu dient die Filterscheibe im Gesichtsbereich des UV-Bestrahlungsgerätes?

     o   Sie reduziert die Bestrahlungsstärke der Hochdruckbrenner auf maximal 0,3 Watt pro Quadratmeter und verhindert so akute Schäden an den Augen.

Warum sollte man beim Umgang mit und der Nutzung von UV-Strahlung zwingend eine UV-Schutzbrille tragen?

- o   Die natürlichen Schutzmechanismen der Augen vor zu starkem, sichtbarem Licht funktioniert bei der deutlich energiereicheren UV-Strahlung nicht.

Welcher chronischer Schaden kann am Auge durch UV-Strahlung entstehen?

- o   Grauer Star.

Wie schützt sich das menschliche Auge vor zu starkem, sichtbarem Licht?

- o   Eng- oder Weitstellung der Pupille, blinzeln, Auge schließen oder Abwendungsbewegung.

Welche biopositive Wirkung von UV-Strahlung auf den Menschen ist Ihnen bekannt?

- o   Vitamin D Synthese.

Wie viele Hauttypen gibt es?

- o   6

Warum ist der Hauttyp I und II ein Ausschlusskriterium?

- o   Personen mit Hauttyp I und II besitzen keine ausreichenden Schutzmechanismen gegen UV-Strahlung und sind deshalb zu empfindlich.

Warum sollen Menschen mit rötlicher Haarfarbe keine UV-Bestrahlungsgeräte nutzen?

- o   Menschen mit rötlichen Haaren sind meist Hauttyp I (Ausschlusskriterium) und haben nicht genug braunes Melanin (deshalb schimmert die rote Farbe durch) zum Schutz vor UV-Strahlung.

Welche Einschränkungen in Bezug auf die Aussagekraft der Hauttypenbestimmungen sind denkbar?

- o   Die Selbsteinschätzung der Menschen ist häufig falsch und die Antworten bieten eine große Spannweite.

Was ist zu beachten, wenn ein Nutzer bei der Hauttypenanalyse jede Frage mit der jeweils höchsten Antwortmöglichkeit beantwortet?

- o   Der Nutzer kann entweder Hauttyp IV, V oder VI sein. Das Fachpersonal muss durch zusätzliche Analysen den Hauttypen genauer bestimmen.

Warum ist die Neigung zur Bildung von Sommersprossen und Sonnenbrandflecken ein Ausschlusskriterium?

- o   Sommersprossen findet man häufig beim Hauttypen I oder II und es handelt sich bei Sommersprossen um einen genetischen Defekt in Bezug auf die gleichmäßige Verteilung der braunen Farbe (Melanin) in der Haut.

Warum dürfen Personen mit Neurodermitis oder Schuppenflechte keine UV-Bestrahlungsgeräte im Sonnenstudio nutzen?

- o   Es handelt sich um eine Hautkrankheit (Ausschlusskriterium), der Dosierungsplan ist nicht bekannt, die Bestrahlung wäre eine Heilbehandlung, diese Personen nehmen häufig photosensibilisierende Arzneimittel und das Bestrahlungsgerät hat einen zu geringen UVB-Anteil.

Wie kann der Vitamin D-Spiegel ohne UV-Strahlung eingestellt werden?

- o   Durch Diäten oder Supplemente.

Warum sind atypische oder mehr als 50 Leberflecken ein Ausschlusskriterium?

- o   Aus Leberflecken kann sich in ca. 10 % der Fälle ein malignes Melanom entwickeln. Deshalb sind atypische oder zahlreiche Leberflecken ein Ausschlusskriterium.

Von welchen Faktoren hängt die Wirkung der UV-Strahlung auf den Menschen (Haut und Augen) ab?

- o Eindringtiefe, Strahlungsintensität (Spektrum), Einwirkdauer und zeitlicher Ablauf der Einwirkung.

Warum wählt man im Sonnenstudio die Sonnenbrandwirksamkeit als Grundlage der Dosierung?

- o Weil die spektrale Wirksamkeit von Sonnenbrand sehr ähnlich ist zur spektralen Wirksamkeit von Pigmentierung, Hautalterung und Karzinogenese und Sonnenbrand eine akute Wirkung ist, die leicht zu erkennen ist.

Welches UV-Spektrum kommt im UV-Bestrahlungsgerät (Solarium) zum Einsatz?

- o UVA und UVB

Welche Aussage ist richtig?

- o Je kürzer die Wellenlänge der Strahlung, desto höher ist der Energiegehalt der Strahlung.

Welche Beziehung besteht zwischen der Wellenlänge der UV-Strahlung und seiner Eindringtiefe in die menschliche Haut?

- o Je länger die Wellenlänge, desto tiefer dringt die Strahlung in menschliches Gewebe ein.

Was versteht man unter der sog. Regeneration der Haut und welche Konsequenzen ergeben sich daraus für die Bestrahlung im Sonnenstudio?

- o Die Haut regeneriert im Regelfall innerhalb von ca. 4 Wochen. Durch die Erneuerung der Haut geht der erworbene UV-Schutz verloren und die Haut darf nicht mehr so stark bestrahlt werden.

In welcher Hautschicht wird die Energie der UV-Strahlung hauptsächlich absorbiert?

- o Oberhaut

Was versteht man unter der sog. Immunsuppression?

- o Die Herunterregulierung des Immunsystems nach UV-Bestrahlung.

Welche Gruppen von Substanzen können photosensibilisierend wirken?

- o Bestimmte Lebensmitel, bestimmte Arzneimittel und bestimmte Duftstoffe (Kosmetika).

Bei welcher chronischen Krankheit liegt ein dauerhaftes Ausschlusskriterium wegen des geschädigten Immunsystems vor?

- o HIV

Welche Bauteile eines UV-Bestrahlungsgerätes sind optisch wirksam?

- o Filterscheibe, Leuchtstofflampen und Acrylglasscheiben

Was sind die wesentlichen Unterschiede zwischen einem Hochdruckstrahler (Hochdruckbrenner) und einer Niederdruckentladungslampe?

- o Betriebstemperatur, die Leuchtstoffbeschichtung und das Material der Röhre.

Was versteht man unter der Kennzeichnungspflicht von UV-Bestrahlungsgeräten im Sinne der UV-Schutz-Verordnung?

- o Warnhinweis und Dosierungsplan als Aufkleber (deutlich sichtbar, deutlich lesbar, dauerhaft) auf dem Gerät.

Welche Anforderungen werden aus der UV-Schutz-Verordnung an UV-Bestrahlungsgeräte für den kosmetischen Einsatz am Menschen zu gewerblichen Zwecken gestellt?

- o Reduzierte erythemwirksame Bestrahlungsstärke (0,3 W/m²), Mindestabstand zwischen Nutzer und Strahlenquelle, Notabschaltung, Zwangsabschaltung, Einsatz von Fachpersonal, Führung eines Geräte- und Betriebsbuches und Möglichkeit der Erstbestrahlung von 100 J/m².

Woran kann der Nutzer eines UV-Bestrahlungsgerätes die tatsächliche erythemwirksame Bestrahlungsstärke des UV-Bestrahlungsgerätes erkennen?

  o   Am Geräteaufkleber "Dosierungsplan" mit den enthaltenen, individuellen Bestrahlungszeiten.

Im Beratungsgespräch erklärt der Mitarbeiter des Sonnenstudios, dass die UV-Bestrahlungsgeräte unterschiedlich stark sind (0,24 - 0,3 W/m² erythemwirksame Bestrahlungsstärke). Die Bestrahlungszeiten in Minuten lt. der ausgehängten Kundeninformationen sind jedoch in allen Kabinen gleich. Wie ist dieser Widerspruch zu erklären?

  o   Entweder ist die Aussage des Mitarbeiters falsch oder die Geräteaufkleber mit den Bestrahlungszeiten in Minuten.

Warum muss die Liegefläche eines UV-Bestrahlungsgerätes in regelmäßigen Abständen nach Vorgabe des Herstellers auch ohne erkennbare Schäden ausgetauscht werden?

  o   Die Liegefläche unterliegt durch die anhaltende UV-Bestrahlung einer Materialermüdung und verliert so die notwendige Tragkraft, so dass der Kunde durchbrechen und sich verletzen könnte.

Welche Anforderungen werden an die Notabschaltung eines UV-Bestrahlungsgerätes nach UV-Schutz-Verordnung gestellt?

  o   Das UV-Bestrahlungsgerät muss über eine Notabschaltung abgeschaltet werden können, die die Strahlung sofort beendet und vom Nutzer während der Bestrahlung leicht zu erreicht ist.

Bei welcher erythemwirksamen Bestrahlungsstärke in Joule muss sich das UV-Bestrahlungsgerät selbst durch die installierte Zwangsabschaltung abschalten?

  o   Bei mehr als 800 Joule

Für die Testbestrahlung (Erstbestrahlung) muss die erythemwirksame Bestrahlungsstärke auf 100 Joule eingestellt werden können. Bei einem UV-Bestrahlungsgerät mit einer erythemwirksamen Bestrahlung von 0,23 W/m² entspricht dies welcher Bestrahlungszeit in Minuten?

  o   ca. 7:00 min

Durch wen dürfen Wartungs-, Pflege- und Kontrollarbeiten an UV-Bestrahlungsgeräten durchgeführt werden?

  o   Nur durch fachkundiges und bevollmächtigtes Personal.

Welche Kontrollarbeiten sollten täglich vor der Inbetriebnahme des UV-Bestrahlungsgerätes durchgeführt werden?

  o   Augenscheineinnahme (Sichtkontrolle) von optisch wirksamen Bauteilen und sicherheitsrelevanten Bauteilen.

Wer gibt dem Betreiber von UV-Bestrahlungsgeräten die Wartungsintervalle und Wartungsarbeiten vor?

  o   Hersteller

Welche der aufgeführten Wartungs-, Pflege- und Kontrollmaßnahmen sind mindestens regelmäßig durchzuführen?

  o   Sichtkontrolle der optisch wirksamen und sicherheitsrelevanten Bauteile, regelmäßige Funktionskontrollen, regelmäßige Reinigung, Desinfektion der Liegefläche nach jeder Nutzung.

Bei der täglichen Sichtkontrolle vor Inbetriebnahme des UV-Bestrahlungsgerätes wird ein kleiner Riß in der Liegefläche des Gerätes festgestellt. Was ist zu veranlassen?

    o   Gerät unverzüglich sperren und die Liegefläche austauschen.

Die Filterscheibe des UV-Bestrahlungsgerätes wurde unsachgemäß gereinigt und zeigt "Wischspuren" in der Beschichtung. Was ist zu veranlassen

    o   Gerät sperren und Filterscheibe tauschen.

Beim Öffnen und Schließen des UV-Bestrahlungsgerätes "ruckelt" der Deckel. Was ist zu veranlassen?

    o   Zeitnahe Kontrolle der gesamten Hebemechanik um ein Absacken des Oberteils (Fluter) zu verhindern.

Beim Röhrenwechsel der Leuchtstoffröhren stellen Sie fest, dass die Beschichtung der Röhren auf der Innenseite ungleichmäßig und fehlerhaft ist. Was ist zu veranlassen?

    o   Betroffenen Röhren auswechseln und durch neue Röhren ersetzen.

Die Stopptaste des UV-Bestrahlungsgerätes ist mit einer Zeitverzögerung programmiert, damit bei versehentlicher Nutzung das Gerät nicht sofort abschaltet. Was ist davon zu halten?

    o   Die Stopptaste soll im Notfall die Bestrahlung sofort beenden. Die Programmierung ist zu ändern. Das Gerät ist zu sperren.

In welchen Zeitabständen sind neben den Sichtkontrollen auch noch Funktionsüberprüfungen des UV-Bestrahlungsgerätes sinnvoll?

    o   Täglich vor Inbetriebnahme um feststellen zu können, ob z.B. Leuchtstoffröhren defekt sind.

Welche der nachfolgenden Informationen findet man mindestens im Geräte- und Betriebsbuch?

    o   Bezeichnung des UV-Bestrahlungsgerätes, optisch wirksame Bauteile, Bestrahlungsabstand, erythemwirksame Bestrahlungsstärke, Höchstbestrahlungsdauer, Notabschaltung vorhanden, Gerätekennzeichnung vorhanden.

Im Geräte- und Betriebsbuch ist eine Testbestrahlung von 5 min für alle Hauttypen eingetragen bei einer erythemwirksamen Bestrahlungsstärke von 0,23 W/m². Wie ist diese Eintragung zu bewerten?

    o   Die Eintragungen widersprechen sich. Bei einer Bestrahlungsstärke von 0,23 W/m² werden die 100 Joule der Erstbestrahlung erst nach ca. 7 min erreicht.

Sie haben bei einem UV-Bestrahlungsgerät die Originalröhren gegen günstigere Röhren eines anderen Herstellers getauscht. Welche Eintragungen gehören zu diesem Vorgang in das Geräte- und Betriebsbuch?

    o   Eine Eintragung zum durchgeführten Röhrenwechsel und eine Äquivalenzbescheinigung zu den neuen Röhren.

Wie dokumentieren Sie die täglichen Sichtkontrollen der UV-Bestrahlungsgeräte?

    o   Sofern die tägliche Augenscheineinnahme des UV-Bestrahlungsgerätes vor Inbetriebnahme zu keiner Beanstandung führt, empfiehlt sich lediglich die Eintragung in einer Checkliste. Werden Mängel festgestellt, sind diese im Geräte- und Betriebsbuch einzutragen.

Bei welchen der nachfolgenden Mängel muss ein UV-Bestrahlungsgerät unverzüglich gesperrt werden?

    o   Defekt Filterscheibe

Die Notabschaltung des UV-Bestrahlungsgerätes ist defekt. Was ist zu veranlassen?

    o   Gerät sperren und Reparatur einleiten.

Bei der Gerätekontrolle stellen Sie fest, dass die Liegefläche total zerkratzt ist. Was ist zu veranlassen?

- o Die Tragkraft der Liegefläche ist durch mechanische Belastung (Achtung! Schutzausrüstung tragen) zu prüfen.

Ein UV-Bestrahlungsgerät besitzt eine erythemwirksame Bestrahlungsstärke von 0,29 W/m². Wie lange ist die Bestrahlungszeit in Minuten bei einer gewünschten Bestrahlung von 250 Joule/m²?

- o ca. 14 min

Wie verändern sich die Bestrahlungszeiten in Minuten, wenn die im Gerät unter Frage 9 eingesetzten Leuchtmittel mit 400 Betriebsstunden das Ende ihrer Nutzlebensdauer von ca. 500 Stunden fast erreicht haben?

- o Die Bestrahlungszeit ändert sich nicht, weil während der Nutzlebensdauer der Leuchtmittel davon ausgegangen wird, dass die Leistung (UV-Bestrahlung) annähernd konstant ist.

Welches sind die vorgeschriebenen Inhalte eines Beratungsgespräches nach UV-Schutz-Verordnung.

- o Hinweis auf Ausschlusskriterien (Aushang Kabine), Hinweise auf Gesundheitsschutz (Aushang Geschäftsraum), Angebot UV-Schutzbrille, Hauttypenbestimmung, Erstellung Dosierungsplan, Geräteeinweisung, Dokumentation.

Was ist zu veranlassen, wenn im Beratungsgespräch ein Ausschlusskriterium gefunden wird?

- o Der Nutzer ist von der Bestrahlung auszuschließen, da die gesundheitlichen Risiken die denkbaren Vorteile weit überschreiten.

Wie ist sinnvoller Weise vorzugehen, wenn der Nutzer das Beratungsgespräch ablehnt?

- o Da über den Kunden keine Informationen zu Hauttyp oder Ausschlusskriterien etc. vorliegen, ist eine Bestrahlung mit Blick auf das gesundheitliche Risiko abzulehnen.

Ein Nutzer mit Neurodermitis möchte in Ihrem Sonnenstudio auf Weisung seines Hautarztes eine UV-Bestrahlung durchführen. Wie ist weiter vorzugehen.

- o Die Bestrahlung ist abzulehnen, da im Sonnenstudio keine Heilbehandlungen durchgeführt werden dürfen und wegen der Hautkrankheit ein Ausschlusskriterium vorliegt.

Ein Neukunde mit Hauttyp IV lehnt die Testbestrahlung ab und möchte gleich 20 min bestrahlen. Wie ist weiter vorzugehen?

- o Die Testbesonnung mit 100 Joule ist trotzdem durchzuführen, weil auch Nutzer mit Hauttyp IV photosensibilisierende Reaktionen zeigen können.

Warum sind atypische oder mehr als 50 Leberflecke (=Muttermale) ein Ausschlusskriterium.

- o Aus Leberflecken können sich unter bestimmten Umständen gefährliche Melanome entwickeln. Um dieses Risiko auszuschließen gelten Leberflecke als Ausschlusskriterium.

Ein Neukunde hat zahlreiche weiße Flecken bei sonst dunkler Haut und möchte die hellen Bereiche kosmetisch durch die Bestrahlung im Sonnenstudio angleichen. Was ist dem Kunden mitzuteilen.

- o An den weißen Flecken besteht die Möglichkeit, sich die Haut zu verbrennen (Hauttyp I an dieser Stelle). Eine Bestrahlung ist deshalb nicht möglich.

Eine minderjährige Nutzerin möchte in Ihrem Sonnenstudio die Bestrahlungsgeräte mit ausdrücklicher schriftlicher Genehmigung der Eltern nutzen. Was ist der Nutzerin zu empfehlen?

- o UV-Bestrahlungsgeräte dürfen grundsätzlich nicht von Minderjährigen genutzt werden. Es handelt sich um ein Ausschlusskriterium. Die Nutzerin darf nicht bestrahlt werden.

Eine Nutzerin lehnt das Tragen der angebotenen UV-Schutzbrille mit dem Argument ab, sie würde die Augen bei der Bestrahlung schließen. Wie ist sinnvoller Weise weiter vorzugehen?

o   Der Nutzerin ist zu erklären, dass das Schließen der Augen nicht ausreicht und die Augen geschädigt werden können (Bindehautentzündung, Hornhautentzündung, grauer Star). Es ist sicher zu stellen, dass die UV-Schutzbrille mit in die Kabine genommen wird.

Warum ist die Einnahme von Antibiotika ein Ausschlusskriterium für die Nutzung eines UV-Bestrahlungsgerätes?

o   Antibiotika dienen der Bekämpfung von Infektionen. In diesen Fällen ist das Immunsystem krankheitsbeding geschwächt und es liegt damit ein Ausschlusskriterium vor.

Printed in Poland
by Amazon Fulfillment
Poland Sp. z o.o., Wrocław

29761435R10086